国家出版基金项目
NATIONAL PUBLICATION FOUNDATION

中国卷

世界灌溉工程遗产研究丛书

谭徐明　总主编

李云鹏　编著

亦通舟楫亦溉田

灵渠

长江出版社
CHANGJIANG PRESS

总序

在世界广袤的大地上，分布着丰富且类型多样的人类文明，古代灌溉工程就是其中之一。直到今天，还有相当数量的古代灌溉工程在持续地为人们提供着生活、灌溉和生态供水服务。现存的古代灌溉工程历经长久考验，没有成为西风残照的废墟，也没有成为书籍中刻板的回忆，而是以与自然融为一体的形态存在，并成为兼具工程价值、科学价值和文化价值的人类文明奇迹。

2014年，国际灌溉排水委员会（ICID）开始在世界范围内评选收录灌溉工程遗产，旨在挖掘、保护、利用和宣传具有历史意义的灌溉工程所蕴含的自然哲理、科学思想、文化价值和实用价值。从2014年至2020年，经由中国国家灌排委员会推荐和国际评委会评审，我国有安徽的芍陂、四川的都江堰等二十处具有历史意义的灌溉工程入选世界灌溉工程遗产名录。由此，古老而丰富的中国灌溉工程遗产向世界又开启了一个了解和认识中国文明史的新窗口，让更多的人走进中国悠久而辉煌的水利史，探索这些工程中蕴藏的人与自然和谐相处的理念和古代贤人因势利导的治水智慧和方略。

粮食充裕则天下稳定，人民安居乐业，而灌溉工程正是在洪涝干旱灾害频发的自然环境下保障粮食丰收的关键所在。中国是灌溉文明古国，历朝历代从一国之君到州县官员无不重农桑兴水利，并确立了从中央到民间权、责、利相互结合的灌溉管理制度。农耕文明下的这些灌溉工程及其管理制度和道德约束，为水利发展注入了民族精神，并在历史的长河中衍生出独特的文化和记忆，使得现存的古代灌溉工程在这一独特的文化滋养下世代相传、经久不衰。每一处灌溉工程遗产都是人与自然和谐相处和可持续发展活生生的实证。

中国5000年的农耕文明史中，因水资源禀赋和自然环境差异而建造出类型丰富、数量众多的灌溉工程。留存下来的古代灌溉工程得以延续至今，往往缘于这一灌溉工程在规划、选址、选型、建设和管理上的可持续性，随着科技和社会的发展，其功能和效益仍在扩展中。如安徽寿县的芍陂，是我国历史最悠久的大型陂塘蓄水灌溉工程，它始建于战国时期最强盛的楚国，历经2600多年后，至今仍灌溉着67万亩农田，并成为今天淠史杭灌区的反调节水库。再如有2270多年历史的四川都江堰，是世界上年代最久远、仍在发挥作用的无坝引水灌溉工程。留存至今的古代灌溉工程堪称人与自然和谐相处的典范，是可持续发展的活样板。

抛弃历史的前进，终究是无本之木，善于继承方能更好创新发展。在我们拥有先进科学技术的当代，从灌溉工程遗产中汲取经过历史检验的科学理念、智慧和经验，把现代科学技术与经过历史检验的思想和理念相结合，有助于更好地设计和建造人水和谐与可持续发展的灌溉工程。灌溉工程遗产也是重要的文化传承，在灌区现代化建设的过程中应该同时加强对灌溉工程遗产和灌溉文明的保护，让中华大地上美轮美奂的古代灌溉工程和丰富多彩的灌溉文化依然充满生命力，让历史文化在流水潺潺的水渠、在生机勃勃的田野得到永恒延续发展，为我国灌溉文化的生命传承和建设现代化生态灌区注入不竭的动力。

中国水利水电科学研究院原总工程师
2011—2014年国际灌溉排水委员会第22届主席

2023年8月于北京玉渊潭

灵渠

目录

导　言

灵渠与都江堰、郑国渠并称"秦代三大水利工程"，始建于公元前 214 年，是秦统一岭南的战略支撑，两千多年来一直是岭南地区与中原经济文化交流的战略通道。除广为人知的水运效益之外，灵渠历史上的农业灌溉功能也不断发展。根据文献记载，至迟至南宋时灵渠的灌溉已达到相当规模，此后不断发展，灌溉体系不断完善、灌溉面积不断扩大。随着近代以来湘桂走廊铁路、公路交通的快速发展，灵渠水运逐渐退出历史舞台，灌溉转而成为其主要水利功能，目前灌溉面积 6.5 万亩，在兴安县农业发展格局中占据重要地位。

作为灌溉工程遗产的灵渠，其工程体系、灌溉科技、历史文化均有不同于其他在创建时即作为灌溉工程规划设计的水利工程，特征非常鲜明。2018 年，灵渠被国际灌溉排水委员会列入第五批世界灌溉工程遗产，目前正在积极申报世界文化遗产，已列入中国申报世界文化遗产预备名录和水利部国家水利遗产备选项目。

本书基于对灵渠水利工程的自然、社会背景分析和工程开凿发展历史脉络的梳理，从灌溉工程遗产的视角分析其灌溉发展历史脉络、灌溉工程体系、灌溉工程遗产构成及价值、水利管理及其历史发展、遗产保护情况，并择要介绍灵渠历史治水名人、水利文献等。本书供从事水利史、水文化、水利遗产保护研究者参考，也是灌溉工程遗产科普读物。

第一章　概　述

灵渠位于广西壮族自治区桂林市兴安县境内，是中国古代最著名的水利工程之一。灵渠始建于公元前214年，位于五岭之间的湘桂走廊，是沟通长江流域和珠江流域的著名运河工程，灌溉历史也非常悠久。至迟至12世纪（南宋）灵渠灌溉已达到一定规模。1940年代之后，灵渠航运工程消失，目前主要发挥灌溉效益。

第一节　自然社会背景

灵渠位于中国东南著名的湘桂走廊，其水利工程体系的规划建设、发展延续及作为灌溉工程遗产的保护利用，均有其独特的自然社会背景。

一、自然条件

灵渠位于广西兴安县中部，地处南岭山脉西段、湘桂走廊之间，历来是往来岭南的交通要冲。灵渠所在地区的地形特点是西北及东南高，中部低，形成一个北东—南西向的湘桂走廊，兴安县城和灵渠就位于这个走廊中。越城岭、海洋山均为北东向排列的山脉，绵延数十千米，海拔高程1000米以上，地形高耸遥遥相对。湘桂走廊内为起伏的丘陵及包括兴安盆地在内的一系列北东向分布的盆地，盆地内为丘陵平原及孤峰平原地形，广泛分布第四纪更新统及全新统松散堆积物。这里属中亚热带湿润季风气候，气候温暖，山多地少，灵渠水运和灌溉功能的发挥，对区域社会经济发展产生了重要影响。

（一）湘桂走廊

灵渠位于广西壮族自治区桂林市兴安县中部。兴安县境内地形为东南和西北高，中间低，西北部为越城岭山脉，其主峰猫儿山海拔 2141.5 米，是华南第一高峰，珠江流域的漓江发源于此；东南纵贯都庞山脉，长江流域的湘江发源于此。两大山脉中间的狭长地带为湘桂走廊，其间分布着丘陵及河谷平原，沟通湘江与漓江的灵渠就位于湘桂走廊上。（见图1-1）

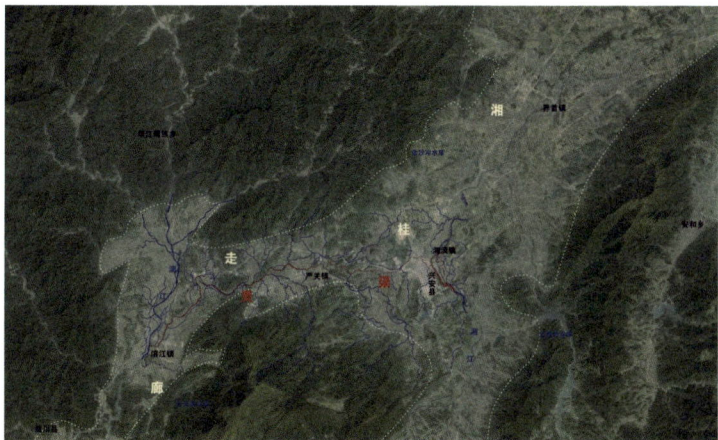

图 1-1　灵渠地形地貌遥感图

兴安县地处江南古陆西段东南缘，湘桂褶皱带的北部。地质发展历经盆纪地槽（约25亿年—4亿年前）、晚古生代地台（4亿年—2.3亿年前）和中新生代陆缘活动带（3亿—2亿年前至今）

三个阶段。构造上越城岭与海洋山均为前泥盆系地层及加里东期花岗岩组成的背斜，背斜之间为泥盆系、石炭系、二迭系和白垩系地层组成的向斜，地质构造受华夏构造弧控制，主要褶曲和断裂方向均为北东向。这种构造格局造成了这个地区西北及东南高、中部低的地形特点，形成北东—南西向的湘桂走廊。灵渠通过的地层有泥盆系、石炭系和第四系。泥盆系为郁江阶杂色砂岩夹页岩，东岗岭阶灰岩、泥质灰岩和上统浅灰色灰岩、鲕状灰岩，分布于灵渠三里陡以下地段。石炭系为岩关阶灰岩、页岩，大塘阶黄金段灰岩、含燧石灰岩夹白云岩，分布于灵渠三里陡以上地段。第四纪更新统为第二、三级阶地冲积层，黏土、亚黏土和砾石层，分布于灵渠上段兴安县城附近和下段车田至溶江镇一带；全新统一为第一级阶地和现代河流冲积层，亚黏土、亚砂土、砂卵石，分布于河谷两岸及河床；坡残积粉质黏土、亚黏土分布于山顶和山坡（见图 1-2）。

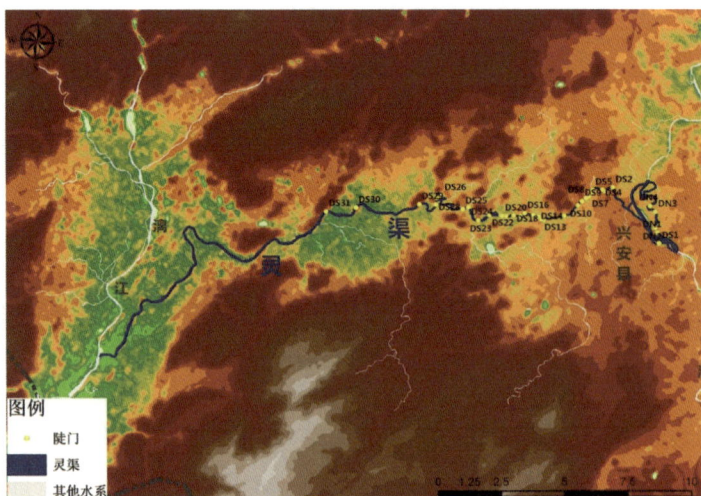

图 1-2　区域地形高程分析图

兴安县境内的地貌复杂而多样，山地、丘陵、河谷平原等地貌穿插其间。东南和西北为山地，山峦重叠，沟壑纵横。海洋山与越城岭绵延数十千米，为侵蚀构造的中山陡坡地形，雄峙两端、遥遥相对。两大山系之间的狭长谷地即地理学上的湘桂走廊，其间主要有土岭、石山、丘陵与河谷平原地貌。走廊中部的临源岭是制高点，湘江和灵渠由县城东郊分水塘分别往海拔较低的东北和西南方向分流。兴安县城在湘桂走廊中地势较高，成为湘江与漓江小支流始安水的分水岭，灵渠就跨越分水岭沟通这两条水系。灵渠沿线，渠首所在地东北侧为河流冲积平原，西南侧为丘陵地貌。南渠流经地域除了兴安镇、严关镇境内有部分石灰岩山峰耸立以外，主要是相对高度小于 50 米的低矮丘陵与河谷平原。北渠流经区域是湘江沿岸的河流冲积平原。

（二）气候条件

兴安县属中亚热带季风气候，温暖湿润、雨量充沛。湘桂走廊一线历年平均气温 17.5℃，年极端最高气温 38.5℃，年极端最低气温 –5.8℃。灵渠一带平均年降雨量约 2000 毫米，春夏两季的降雨量占全年降雨量的 71%，其中，4—6 月汛期的降雨量占全年总降雨量的 48%，而秋冬两季的降雨量只占全年总降雨量的 29%。降雨日数年平均为 180 天，月平均为 15 天。降雨量存在地域差异，由于县北缘有海拔 2141.5 米的猫儿山，受热带海洋团控制时间长，且受西风环流影响，水汽十分丰富，形成华江、大溶江暴雨中心区。雨量空间变化的总趋势是：年降雨量由西北的 2500 毫米向漓江和湘江流域平原递减至 2000～1800 毫米，再向东南递减到 1600 毫米。区域年平均蒸发量为 1584.6 毫米。

（三）河流水系

兴安县地处长江流域与珠江流域的分水岭，境内地形独特，水系也形成南、北两支，东南海洋山水由东南往北流，为长江流域的湘江水系；西北越城岭水由西北往南流，为珠江西江流域的漓江水系。湘江与漓江的一条小支流始安水之间的最短直线距离仅1.4千米。湘江水系在县内河流总长334.3千米，流域面积1117.3平方千米，占全县面积的47.6%，主要支流有海洋河、西波江、漠川河等。漓江水系在县内河流总长483.4千米，流域面积1230.47平方千米，占全县面积的52.4%，主要支流有黄柏江、川江河、灵河（零河）、小溶江等。灵渠连接了湘江和漓江两大干流及其大部分支流，流域面积247.5平方千米，占全县面积的10.54%。（见图1-3）

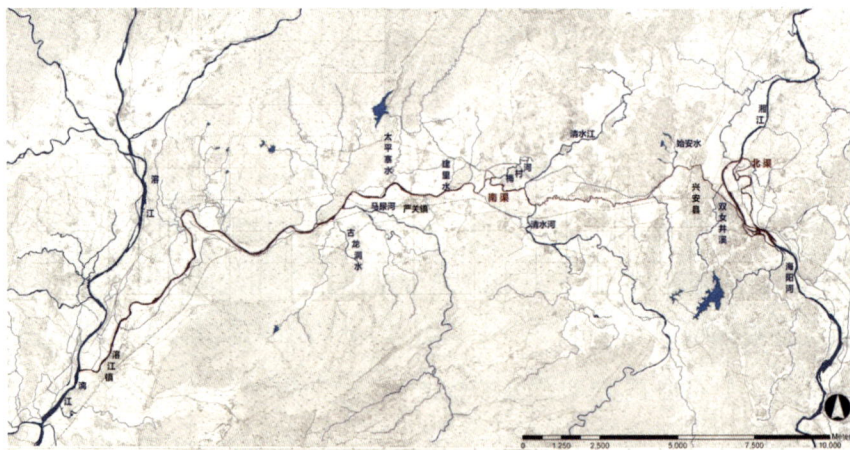

图 1-3 区域水系示意图

湘江上游称海洋河，发源于兴安县白石乡的近峰岭，河流始向西北流，过打卦坪，折向西南，至大路口，变为伏流，出龙王岩，于牛坪岭复变为伏流，折而往西流，出上桂峡，与海洋河相汇。奔腾在崇山峻岭之间，河流沿着海洋山背斜西翼的次一级向斜轴部的石炭系石灰岩向北东方向流下，到犁头圩进入兴安盆地，流向改为北西，水势变缓，河流开阔，两岸一级阶地发育，高 1～2 米，其上有不连续分布的二级阶地，过灵渠分水塘后，习惯上把以下河段称为湘江，到兴安县城后，河流又折向北东。

漓江上游称六峒河，发源于越城岭主峰猫儿山（海拔 2141.5 米，为华南第一高峰）的东侧，斜穿过猫儿山背斜的东翼。源头为加里东期花岗岩，向南流经寒武系、奥陶系、志留系、泥盆系等地层。在升坪老街有华江来汇，在司门前左有黄柏江，右有川江来会汇，汇合后称大溶江，并流入溶江盆地。在溶江镇有灵河（灵渠）汇入，汇合后称漓江。

灵渠南渠除由南陡引海洋河水外，有西岭河、灵水（零水）、梅村水、建里水、太平寨水、马尿河、古龙洞水、塘堡水、沙江等。

西岭河，源于海洋山西北支兴安镇源江村境内的百岭头老殿脚，至西江口引入石龙江。发源地高程 858 米，河长 6.5 千米，流域面积 14.1 平方千米。

灵（零）水，源于海洋山西北支北缘，兴安镇粉洞村境内，有两源，即东源头把风坳、西源头源岭，西源东北流，经新屋场、大村子至李家塘入地下岩洞，由乳洞岩流出，汇东源，经茅坪、董田至高村纳大园水，穿过山岩石（长 200 余米）的岩洞，至山脚注入清水河；河长 6.5 千米，流域面积 20.9 平方千米。

梅村水，源于越城岭东支南源，兴安镇冠山村孔明寨，西南流，经大园、蒋家、李家田，于六口岩注入灵河；河长 8 千米，流域面积 14.6 平方千米。

建里水，源于越城岭东支南源，清水村的猫仔头以东山岭，南流，经建里，至严关镇尧上纳东田水，于马头山入灵河；河长 7.5 千米，流域面积 17.3 平方千米。

太平寨水，源于越城岭东南支清水村的枫木界，南流，经黄泥堰、寨背、大拱桥，至江西坪入灵河。河长 7.5 千米，流域面积 10.7 平方千米，中游建有太平寨水库。

马尿河，源于海洋山西北支缘的银矿山。北流，经殿堂于神仙田纳摩天岭水，经五甲、阳家，至留田纳上庄水后注入灵河，河床上游宽 20 米、下游宽 40 米，河长 21.5 千米，流域面积 32 平方千米。

古龙洞水，源于海洋山西北支的银矿山。北流，经古龙洞，洞门前，于岭西纳南山水后汇入灵河。河长 5 千米，流域面积 17.7 平方千米，上游建有古龙洞水库。

塘堡水，源于越城岭东支南缘灵河牌山的尖山脑。南流，经塘堡、小枧江、土寨、梁木塘，至画眉塘注入灵河。沿途有杏花岭、耀甲田、大族堂三水注入；河长 6 千米，流域面积 13.2 平方千米。

沙江，源于海洋山脉西北支的东山，西北流，经背头元、望月山、文家至溶江下游注入灵河。河床为砂卵石，自背头元以下河水多渗入河床下，故又名干河；河长 10 千米，流域面积 24.1 平方千米。

（四）水文水资源

兴安县河流总长 817.7 千米，总流域面积 2348 平方千米，河网密度 0.35 千米每平方千米，多年平均流量 118.26 立方米每秒。这些河流都发源于青山和岩石之中，均为泉水，加之河床多卵石和石沙，水质常年清澈。湘江在县内流域面积 1117.3 平方千米，河长 80 千米，平均坡降 3.6‰、平均河宽 91 米。据仙人掌水文站历年观测，多年平均流量 17.441 立方米每秒。湘江自分水塘以下无急滩，水深常在 1.2 米以上，可通民船。漓江在县内流域面积 1230.7 平方千米，河长 55.7 千米，多年平均流量 41.9 立方米每秒，年平均流量 13.23 亿立方米。平均纵坡 4.15‰，平均河宽 76 米。据大溶江水文站历年观测，多年平均流量 39.21 立方米每秒。多年平均径流量 13.23 亿立方米。

湘江在分水塘经铧嘴分流和大小天平坝引流后，约 70% 水量流入北渠，在兴安镇高塘村与湘江故道相会，全长 3.25 千米，最大引流量为 12 立方米每秒。南渠自南陡口起，过严关镇，流到溶江镇老街灵河口入漓江，全长约 33.15 千米，南渠引湘江水约 30% 水量，最大引流量为 6 立方米每秒。灵渠渠首的海拔高程为 212.08 米，灵河口海拔高程 181.8 米，南渠平均纵坡 0.91‰，多年年平均水位 184.10 米，多年平均最高水位 186.97 米，多年平均最低水位 183.76 米，极端最高水位是 1985 年 5 月 27 日的 188.52 米，极端最低水位是 1964 年 12 月 30 日的 183.57 米。多年平均流量 11.39 立方米每秒，多年平均最大流量 343.38 立方米每秒，多年平均最小流量 1.26 立方米每秒，极端最大流量为 1976 年 5 月 15 日的 662 立方米每秒，极端最小流量是 1989 年 12 月 20 日的 0.35 立方米每秒。

兴安县水资源丰富，全县多年平均降雨量 1802 毫米，多年平均径流深 1413 毫米，年径流量 33.17 亿立方米。全县多年平均水资源拥有总量为 37.38 亿立方米。其中，地表径流量 33.17 亿立方米，地下水储量 4.21 亿方米。此外，还有县境外流入水量 4.15 亿立方米。人均地表水资源量 9372 立方米，耕地亩均地表水资源量 9368 立方米。

综合地形、水系、水文水资源条件，灵渠作为运河工程在最初修建时的关键在于如何精确地以最低的工程和技术成本穿越分水岭，通过平顺的渠道连接沟通湘江和漓江上游水系。

二、社会背景

兴安县位于广西东北部，桂林市北部，地处湘桂走廊要冲，是中原文化和岭南文化交汇之地，历史悠久，文化底蕴深厚。

（一）岭南门户

兴安县在春秋战国时期属楚，始皇二十六年（公元前221年）于此地置零陵县，治今兴安县界首附近，汉置始安县，唐称临源县、全义县，宋始称兴安县，取"兴旺安定"之意，是广西最古老的县之一，已有2200余年建县史。兴安县扼湘桂走廊咽喉，历来为岭南门户、战略要地。两千多年前，秦始皇征百越、筑灵渠，让兴安"南连海域、北达中原"，谱写了中华民族大统一的绚丽华章；八十多年前，中国工农红军过湘江、破封锁。在中华民族伟大复兴的历史征程中，兴安两次见证了中华民族的重大历史历程。

（二）政区沿革

始皇三十三年（公元前214年），秦朝为统一大业在兴安县境内成功开凿灵渠。灵渠开凿后，兴安便成为南北交通要冲，秦人筑城护渠，派吏治辖，是历史上广西境内最早列入中央政府统一建制的县份之一。

汉元鼎六年（公元前111年），今县境属始安县地，隶属零陵郡。唐武德四年（公元621年），分划始安县地，今县境设置临源县，隶属桂州。唐大历三年（公元768年），改县名为全义。

后晋开运三年（公元 946 年），于县境设溥州，并把县名改称德昌，隶属溥州。宋乾德初废除溥州，恢复全义县名，隶属静江府。宋太平兴国二年（公元 977 年），因与宋太宗赵匡义名相讳，取"兴旺安定"之意把县名改称兴安县。

兴安县元属静江路，明清时期属于桂林府。民国二年隶属漓江道，民国三年隶属桂林，民国十六年隶属广西省政府，民国十九年隶属桂林民团区，民国二十三年隶属桂林行政监督区，民国二十九年隶属桂林行政监察区，民国三十一年直属广西省政府，民国三十三年隶属第八区，民国三十六年直属广西省政，同年四月隶属第八区。

1949 年 11 月 20 日兴安解放，隶属桂林专区管辖。下辖湘源区、高源区、高尚区、严道区、西安区、两金区 6 个区，首善镇和界首镇两个镇。此后辖区乡镇、村数量、范围、名称多次调整，目前全县面积 2348 平方千米，辖兴安镇、湘漓镇、溶江镇、界首镇、高尚镇、严关镇 6 个镇，漠川乡、白石乡、崔家乡、华江瑶族自治乡 4 个乡，共 10 个乡（镇），下辖 115 个行政村，9 个社区，204 个自然村。

（三）人口及经济发展

兴安现有总人口 40 万，有汉、壮、瑶等 27 个民族，其中汉族人口最多，约占总人口的 96%。兴安县古属百越之地，为古代越人居住区。

战国时，楚悼王用吴起为相，"南平北越"，兴安地区属楚国。这时，原居兴安地区的越族人，因战争被迫南迁，中原人纷纷南移，一部分到兴安定居。始皇三十三年（公元前 214 年），秦始皇派兵进攻岭南，县境内部分越人南迁。秦统一岭南后，从中原大量移民戍五岭："以谪徙民五十万戍五岭"①。自秦以后，历经各个朝代，中原人大量南迁到兴安定居，其中汉族人占绝大部分，居住于平原地区；瑶族和苗族基本上是宋、元、明三个朝代从江西、湖南迁入，多居住在边远山区，长期以刀耕火种和捕兽打猎为业。民国前，兴安县的民族只有汉、苗、瑶3个民族。据民国三十一年《兴安年鉴》载：民国三十年全县27876户，159736人，其中主要是汉族，瑶族1064户，5262人，占3.29%，苗族10户，38人，占0.02%。

1949年后，到兴安定居的人口增多，民族随之增多。据1964年第二次人口普查统计，县内有汉、瑶、壮、苗、回、仫、侗、满、仫佬、其他等10个民族；1982年第三次人口普查统计，有汉、瑶、壮、苗、回、侗、仫佬、毛南、水、京、彝11个民族；1990年第四次人口普查统计，全县民族已增加到18个，即汉、瑶、壮、苗、回、侗、仫佬、布依、土家、满、毛南、彝、水、藏、蒙古、纳西、黎、京等。

兴安县是广西重要的农业县之一。据统计，1949年全县粮食平均亩产约134公斤。1949年后特别是改革开放以来，兴安农业得到长足发展。1990年的保水田面积由1949年的10.1万亩增加到24.41万亩。1990年尽管遇上了60年未见的特大旱灾，由于全县上下同心协力，仍取得农业全面丰收，粮食总产量达17445万公斤，是1949年的3.53倍；柑橘种植面积达10.95万亩，总产量达3400万公斤，人均产柑橘94公斤；白果树达15.39万株，产果122万公斤。整个农业总产值达11907万元，是1949年的9.22倍。

---

① 资治通鉴·卷七·秦纪二

近年来，农业产品的商品率达到 50%，尤其是柑橘、白果，不仅畅销全国，而且畅销日本、美国、东南亚及东欧各国，每年为国家创汇近 200 万美元。到 1980 年代末，兴安县以农业稳产、高产著称，成为全国商品粮、柑橘、白果、毛竹生产基地县及广西生猪、木材生产基地。兴安物产资源丰富。兴安是湘江、漓江两水之源，五岭居其二（越城岭、都庞岭），石灰石、大理石、花岗岩、方解石、钨矿等蕴藏量大、品质优良。盛产水稻、柑橘、葡萄、玉米、银杏、毛竹等，是"全国矿粉之乡""中国毛竹之乡""中国银杏之乡""全国优质葡萄生产基地""广西特色农业蜜橘核心示范区"。

"十三五"以来，地区生产总值年均增长 5.9%，固定资产投资年均增长 11.7%，组织财政收入（按可比口径）年均增长 8.25%，城镇居民人均可支配收入年均增长 6.4%，农村居民人均可支配收入年均增长 9.4%。先后荣获国家全域旅游示范区、全国旅游标准化示范单位、全国科技进步先进县、广西科学发展十佳县、广西新型城镇化示范县、自治区文明城市、自治区卫生县城等殊荣。

（四）区域文化

兴安县文化底蕴深厚，以灵渠为代表的秦文化、湘江战役为代表的红色文化为标签，作为岭南沟通中原的战略节点的地缘特征更是赋予此处独特的区域文化特点。人文景观丰富且历史悠久，有古严关、古墓群、古战场、古窑址、古灵渠等，多为秦汉时期遗址；其中被县、自治区、国家列为重点文物保护单位的就有 20 余处。兴安生态环境条件良好，风景名胜众多，灵渠、猫儿山、秦城遗址、古严关及湘江战役纪念园等，自然与历史文化旅游资源丰富，文化产业在经济格局中的地位突出。灵渠作为兴安县最具价值的文化资源，具有独特的吸引力特别是国际旅游吸引力。

第二节 灵渠工程的战略地位

唐代鱼孟威在《桂州重修灵渠记》中，对史禄开凿灵渠的历史作用曾作了精辟的概述："所用导三江，贯五岭，济师徒，引馈运，推俎豆以化猿饮，演坟典以移鴃舌。蕃禹贡，荡尧化也。"其大意是说，灵渠的开凿，沟通了江河水系，贯通了五岭阻隔，人员、物资、粮食都得以顺利运送，进出岭南，推动了百越土地上居民生产和生活方式的转变，改变了岭南地区封闭的社会状况。中原的文明，禹和尧的教化，也传播到了那里。可见唐代时就已经认识到，灵渠不但具有运输功能，还有推动社会进步，维护国家统一，促进民族的融合，加强南北经济、文化交流与发展的积极作用。从灵渠实际所起的作用和所具有的价值来看，远远地超出了其原有的军事意义。

一、维护国家统一，巩固岭南边防

公元前214年，灵渠修建完成，岭南地区战争形势很快逆转，秦始皇"发诸尝通亡人、赘婿、贾人略取陆梁地，为桂林、象郡、南海，以适遣戍"，灵渠刚建成，就帮助秦朝完成了统一岭南的大业。

军事上，灵渠成为中原军队进入广西、广东的必经通道。西汉时，"南越王相吕嘉反，杀汉使者及其王、王太后"，汉武帝三路出兵，其中一路由"故归义粤侯二人为戈船、下濑将军，出零陵，或下离水，或抵苍梧"。戈船将军郑严率的一支军队，就是取道灵渠入漓江抵达苍梧，三路大军会师番禺，于元鼎六年（公元前111年）灭南越国。这样，自南越国开始分裂的岭南回归汉朝廷管辖。汉武帝平定南越国之后，在岭南设立交趾刺史部，强化对岭南的统治，维系了岭南与中原王朝的联系。灵渠在这次汉武帝平定岭南叛乱中再次发挥了运兵通道的重要作用。

秦汉时期，灵渠是中原与岭南间的交通要道，大批兵马和军需物资经灵渠这一航道进入岭南。灵渠也是巩固边防，运送军饷的重要渠道。东汉初，交趾地区的征侧、征贰姐妹起兵叛汉，自立为王，攻陷岭南六十余城，波及广西南部地区。为了维护国家统一，建武十七年（公元前41年），东汉光武帝拜马援为伏波将军，统帅大军南征交趾，平二征，马援南征的路线主要是经过广西的兴安、桂林，沿漓江到贺、梧地区，经容县、北流沿南流江至合浦，取道灵渠，下漓江，经梧州溯西江而上，进入北流江，再下南流江，进入交趾境内。为了运兵运粮，马援对灵渠进行过修治，"所过辄为郡县，治城郭，穿渠灌溉以利其民，条奏越律与汉律驳者十余事，与越人申明规制以约束之"，最后平定了二征的反叛。

秦始皇开凿灵渠之后，仍然留下大批驻军于此，历代统治者也派兵驻防，戍边守疆，屯田垦荒，保护和维护灵渠正常运行，留下了秦城驻军遗址。由此可见灵渠在秦始皇进军岭南，统一中国的政治、军事、交通战略中的重要地位及其价值。

二、打开岭南与中原的通道

在秦代开凿灵渠之前，人们经由湘桂走廊必须走一段陆路，运输量极有限。直至秦始皇用兵岭南时，开凿了灵渠，才大大地提高了运输的能力。即所谓的"导三江，贯五岭，济师徒，引馈运"，这标志着岭南与中原的交通进入到一个新的发展时期。

史禄开凿的灵渠，最初不过是为了战时转运粮草的方便，但是，在后来相当长的一段时期内，它却成为中原与岭南交通的唯一捷径。

因为五岭东西绵亘，阻隔着岭南和岭北的交通。灵渠开通之前，由中原进入岭南地区，只有越过崇山峻岭，或者绕道海上。山路攀爬本不容易，而海道航行又常遇风波之险，自从史禄开通灵渠后，湘水就和漓水沟通，沿湘水而下，可入长江，沿漓水而下，可入西江。灵渠虽短，却因为地当要津，所以历代不断有人疏浚整治。从秦汉起至隋唐，灵渠一直是沟通五岭南北地区经济文化交流的重要渠道，对岭南文明发展起着巨大作用。

灵渠的开凿成功，为各种交往提供了有利条件，封建统治阶级用此可以加强统治，人民可以通过它密切往来。它作为一条通道，增进了中原人民与岭南各族人民的文化交流，密切了彼此之间的关系，从而有力地促进了岭南农业、手工业等社会经济方面的向前发展。

三、促进岭南经济开发

由于灵渠的通航作用，中原人民将先进的生产工具和先进的生产技术带到岭南，不仅促进了当地农业手工业和地方经济的发展，还促进了岭南与岭北的经济文化以及海外经济贸易文化的交流。

岭南地区在春秋战国时期还是蛮荒之地，五岭阻隔，交通滞后，与中原交流较少，经济发展十分缓慢。随着灵渠的开通，岭南地区与中原地区经济文化的联系日益密切起来，岭南地区得到了较快的发展。秦始皇迁徙 50 万中原人到岭南地区与越人杂居，中原人民将先进的生产工具和先进的生产技术带到岭南，在开发岭南过程中，铁器在农耕中发挥着重要作用。虽然早在秦汉以前，中原的铁器已有少量传到岭南，但直到灵渠开凿以后，才有更多的铁器传到岭南地区来，铁器的使用也更加广泛。铁器的使用使得更大面积的农田耕作，开垦广阔的森林地区成为可能。（见图 1-4，图 1-5）

图 1-4 秦城出土的锄形斧形铁器

图 1-5 秦城出土的铁制生产工具

秦城遗址出土了不少铁器，其器形有刀、矛、钩、锄、斧、权等生产工具，这些都是当时秦军从中原地区带到岭南的。《汉书·地理志》中记载了当时全国四十个地方冶铁，唯独不见有两广的地方。这说明"岭南地区在秦汉时期虽然普遍使用铁农具，但都不是自己本地制造的，而是中原地区提供的"[1]。汉初，吕后

---

① 张子模.灵渠开凿对岭南社会经济发展的影响.桂北文化研究.南宁：广西人民出版社，1999：185-191.

曾"禁南越关市铁器""毋予蛮夷外粤金铁田器",迫使当时割据岭南的南越王赵佗三次遣使谢罪。这些情况都说明,岭南地区各族人民非常需要铁制农具进行农业生产,但不能完全自己冶炼和铸造"金铁田器",可见当时铁器是比较缺乏的。

开凿灵渠不仅给当地的越人带来了中原的先进技术,也带来了铁器。秦城遗址位于灵渠与大溶江之间的三角地带,是当时开凿灵渠驻军的地方,这些出土文物有力地说明,自开凿灵渠以后,由于铁器这样的先进生产工具的引进,农业生产得到一定规模的发展。

在古代,科学技术还不是很发达,农业发展所需要的水源无疑是十分重要的,关系着粮食的收成,进而直接关系到人民生活的状况。秦城遗址还发现了水井、水沟等遗迹(见图1-6),其中水井3口,均为口大底小的圆形,口径1.1～2米,深约3米。灵渠开凿后,这些技术传入岭南,方便了当地人的生活和灌溉。

图1-6 秦城遗址发现的水井、水沟遗迹

西汉时,岭南地区已经掌握了牛耕技术。此外还掌握了凿井技术,所凿的井既可供居民汲引,又可灌溉田地园圃。

历代以来,由于灵渠的开凿,置大小天平,分南北渠,把湘江的小部分水引到了漓江,使得湘江对漓江有着补水的作用,漓江沿岸农田获得灌溉，不仅为增加粮食生产提供了较为充足的水源，而且使铁犁和耕牛的使用也推广了，岭南地区的农业也就有了很大的发展。《宋史·李浩传》说"旧有灵渠，通漕运及灌溉，岁久不治，命疏而通之，民赖其利"，这是说李浩既注意"通漕"，以利航行，又重视灌溉田亩，因而"民赖其利"，明、清时代，利用渠水灌田的记载逐渐增多。灵渠的灌溉作用，在明清时期越来越明显。

伴随着农业的进一步发展，手工业也得到了发展。煮盐、纺织、铜器、漆器和陶器等生产部门发展起来，而且工艺水平大有提高。在贵港罗泊湾出土的漆耳杯，底部烙印"布山"字样，说明漆耳杯可能属于当地制造。随着农业和手工业的发展，陶器交换日益频繁（见图1-7）。秦朝的统一，使各民族友好往来，给商业提供了有利的发展条件。这个时期的富商大贾可谓是周流天下，交易之物，莫不得其所欲，这反映出当时商业和商品交换频繁进行，呈现出来较以往不同的崭新局面。

图1-7 秦城遗址出土的陶器

四、促进岭南与中原的文化交流

先秦时期的岭南文化处于比较原始的状态，岭南越人没有自己的文字。秦始皇统一岭南后，采用行政手段，在边疆少数民族地区强行统一使用汉文字，推动各少数民族的社会进程。汉文化在广西的传播，首先是汉字的流通，然后才是儒家学说等深层文化的传播。汉字的流通，改变了口传文学传承历史的形态和原始巫术祭祀为日常文化活动的状态。中原的艺术音乐也逐渐传入岭南地区。中原各文化圈的文化都可以通过灵渠的沟通而达到广泛地交流的目的。所谓的"演坟典以移鴃舌"，加强了南北人民的接触，打破了岭南地区长期以来的封闭社会，从而使得中原文化与岭南文化的融合也进入了一个新阶段。

五、促进中华民族的融合发展

秦始皇迁徙50万中原人到岭南地区与越人杂居，促进了汉越民族的融合。在中原文化与岭南文化的融合过程中，华夏民族也与越族互相融合。秦始皇派兵戍守岭南并迁徙大批中原人民（属华夏族）到岭南与百越人杂处。作为当时领导征服岭南的赵佗也留在了岭南，在秦王朝委派的南海尉死后，赵佗被任命为南海尉。

现在的广东广西，古称岭南。最早就居住着多种民族，其中主要的是越、瓯越、骆越、僚、俚等民族，统称百越。早在秦统一全国以前，这里就与中原有着经济和文化方面的联系。犀角、象齿、翡翠、珠玑等奇珍异宝，都是中原贵族追逐和炫耀的上品。在这种联系中，由于兴安地处南岭最低处，湘漓二江相距甚近，应是交通往来的最方便孔道之一。近些年兴安出土的文物中，有不少春秋战国时期的器皿和兵器，这里出土的文物数量比岭南其他地区远为多等事实，都说明了这一点。但是，这种联系又是很有限制的，南岭仍在很大程度上阻隔着本应是更频繁的交通往来，使得岭南地区的经济和文化发展受到很大的限制。秦灭六国后，随即发兵岭南，开发边疆，巩固统一。为输送军队和粮食，于公元前219年开凿了灵渠，从此，岭南地区与中原有了便捷而较为可靠的交通联系，这对历代中央政府有效地在经济、政治、军事和文化诸方面统一这块地方，起着十分重大的作用。秦于公元前214年在岭南设立了桂林、象郡、南海三郡，这是中央政府在这里设置行政机构的开始。到西汉元始二年（公元2年），当时岭南的南海、郁林、苍梧、零陵、合浦等郡计约有人口50万，不到当时全国人口的1%。唐代单独设置岭南道，为全国十道之一。宋至道三年（公元997年），正式分设为广南东路和广南西路。明清成为独立的行政区，广东承宣布政使司和广西承宣布政使司。岭南地区的人口在唐贞观十三年（公元639年）为64万余，占全国总人口数的5%，而到清咸丰元年（公元1851年）已超过3600万，占全国总人口数的8.4%。行政变革和人口增长是以经济发展为基础的，这不能不提到灵渠的功劳。

灵渠对开发岭南的作用可以从下列方面来理解：

第一，作为交通干线保障了边疆的安定，使岭南成为统一的国家中的一个组成部分。从灵渠开凿起，几次大规模的军事行动都与灵渠的增修、加固和重开直接相关。秦时，尉屠雎率50万大军分五路进兵岭南，其粮食军需都是从灵渠水运而来的。西汉楼船十万师讨岭南，其中，戈船将军、下厉将军也是从灵渠进入岭南的。东汉初，伏波将军马援统率大军南征交趾，"所过辄为郡县，治城郭，穿渠灌溉以利其民，条奏越律与汉律驳者十余事，与越人申明规制以约束之"。至今，在兴安县城西南五十里灵渠与大溶江之间的三角地带还存有壮观的秦城遗址。这里东临灵渠，西靠大溶江，南面是灵渠和大溶江汇流的灵河口，北面有逶迤的丘陵直达严关。这种背后靠山，三面环水，扼湘桂走廊要冲的地理形势，实为理想的驻屯兵马的要地。宋人周去非在他的《岭外代答》一书中描绘说："湘水之南，灵渠之口，大融江、小融江（今大溶江、小溶江）之间，有遗堞存焉，名曰秦城。……北二十里有险曰岩关，群山环之，鸟道微通，不可方轨，此秦城之遗址也。形势之险，襟喉之会，水草之美，风气之佳，真宿兵之地。据此要地，以临南方。水已出渠，自是可以方舟而下；陆苟出关，自是可以成列而驰。进有建瓴之利势，退有重险之可蟠，宜百粤之君委命下吏也。"这段话，既说明了秦城位置的重要，又说明了灵渠对秦城的重要，它们各自的作用和相互的关系就十分明确了。

秦城，从秦始皇开始，即被当作岭南的一处重要军事驻地，这种情况，一直延续到汉、唐。现在的遗址内，汉墓成群，从墓中随葬器具来看，不少与军事有关，这说明被埋葬的是一些军人。可见，汉代这里仍是屯兵要地。唐代，这里还有大规模军事活动的记载，屯戍在这里的士兵，不少人是来自中原，他们一面戍守，一面屯田，有的定居在这里从事农耕和其他事业，把中原的先进生产技术带到这里。唐代军屯在岭南其他地区也有，例如，王晙作桂林都督时就引水灌溉屯垦土地数千顷，使农耕事业得到很大发展。韦丹作容州刺史时，开辟屯田二十四处，种茶种麦，使这里的经济状况大为改观。这些屯田的官兵用自己的智慧和劳动为岭南的经济发展作出了可贵的贡献。

第二，随着边疆的统一和安定，继而有更多的中原人迁到岭南来。与当地的少数民族共同从事开发，这使中原地区的先进文化和生产技术进一步传播。西汉时，岭南地区已掌握了凿井技术，既可供居民汲引，又可灌溉田地园圃。唐代，中原地区灌溉机械有很大发展，到宋代岭南地区也随之兴旺起来，竹筒水车就是一种省力而高效的新型灌溉工具，对促进农业发展起了重要作用。此外，还有一些商人也来到岭南，促进了这里与中原的商品交流，商品交流不但丰富了边疆地区的生活，也为生产提供了样品和销售市场。由于这种交流相当多的是通过灵渠实现的，所以灵渠两岸就有条件较多地接触中原的先进文化。考古发现也提供了许多实证资料，古文化遗址在这里相当多。出土的大量的汉代五铢钱、陶器，特别是陶屋反映出的结构和生活情趣也都与中原有相似之处。多处宋代瓷窑出土的瓷器，也都有了较高的工艺水平。灵渠对岭南经济发展的作用是明显的。

第三，随着中原政治形势的变动，战争的发生，都促使大量的人口迁入岭南。三国、魏、晋、南北朝时，北方战乱频繁，民不聊生，造成了第一次大量人口的南迁；南宋和金的南北对峙时期，汉族政权的统治中心转到南方，大量的汉族人口和先进的文化也转到长江以南，其中一部分人就进入岭南繁衍生息，与当地的人民共同创造岭南的繁荣。这些南迁人口大部分也走灵渠一线进入珠江流域，再沿珠江水系各支分散到各地。历代人口的分布情况反映了这一基本事实。今桂林、肇庆、广州一直是岭南历史上人口最稠密的地区。

第四，岭南，特别是今广西，地处边远，人口相对中原地区远为稀少。唐代向这里流放了相当数量的政治家、文人和知名人士，例如：褚遂良、韩愈、柳宗元、于邵、李渤、李德裕、李商隐等。他们对传播中原地区的文化、生产技术等起了很大作用。他们中间不少人是由灵渠过来的，有的对灵渠工程还曾做过很大贡献。

岭南地区经数千年开发，逐渐形成了一个农业发达，手工业、矿业、香料、药材各业都很兴旺的地区。经济的发展，要求交通与之适应。由于地区内雨量充沛，河流众多，又有珠江水系控制了大部分地面，给形成一个方便的水运网提供了优越条件。在水运活动逐渐兴旺发达的过程中，形成了许多水运中心城市，例如：桂林、柳州、南宁、桂平、梧州、肇庆、广州、韶关、惠州等，从而使对外的交通也形成了许多条路线，其中最重要的还是灵渠一线，因为通过这条线与中原统治中心联系最为方便。另外，古代海运水平较低，海上风涛大，安全性差，时间、人力也耗费较多，所以海运也代替不了灵渠的作用。由岭南过灵渠运往中原的土特产和手工业品很多，其中有金银等大量贵重金属及其他矿产品，据统计，清康熙二十四年（公元 1685 年）、雍正二年（公元 1724 年）、乾隆十八年（公元 1753 年），岭南地区分别向中央起运银1249588 两、997867 两、1137408 两，占全国起运银数的 1/20 左右，对清政府的财政起很大作用；还有珍珠，特别是合浦的珍珠最为珍贵；药材、香料和名贵木材；手工业品布、罗、绡、绫、绸、丝绵等；食盐，特别是湖南一带缺盐时；苎麻、甘蔗、热带水果等地方农产品；粮食，一般情况下不北运，但有时也要上供，例如南宋曾多次下诏调两广米粮，还要向湖南赈济。但大多数情况是从湖南调运粮食到两广。此外，广州等沿海港口对海外和越南贸易货物进入中原，内地货物运往岭南也要通过灵渠实现。随着贸易规模的不断扩大，运输业务也日益增加。上述种种，造成灵渠运输十分繁忙，在清代曾出现每日有 200 余只船连续通过的情况。

可见，灵渠对两广地区政治、经济、军事和文化发展，有巨大的功绩。清代修筑灵渠的当事人陈元龙曾说："夫陡河虽小，实三楚、两广之咽喉，行师馈粮，以及商贾百货之流通，唯此一水是赖。"杨应琚说："地方水利，关乎正事得失，急其所当务，庶一举而众事皆集。夫其带荆楚，襟两粤，达黔滇，商旅不徒步，安枕而行千里，资往来之便，此其一；高陇下田，有灌溉之资，无旱潦之虞，化瘠为腴，此其一；食货贸迁有无，致之於陆倍其值，运之于水廉为售，驵侩熙熙，重其载而取其赢，又其一；长沙、衡、永数郡，广产谷米，连樯衔尾，浮苍梧直下羊城，俾五方辐辏食指浩繁之区，源源资其接济，利尤溥也已！"类似种种，历代异口同声。

第二章　灵渠的创建

灵渠始建于公元前 214 年，至今已有两千二百多年历史。关于灵渠灌溉的历史记载最早见于 12 世纪，此后不断发展，至 1930 年代灵渠水运历史终结，灌溉成为灵渠的主要水利功能。

第一节　灵渠开凿的历史背景

史禄主持开凿灵渠，有其特定的历史背景，即在秦统一六国、征伐岭南的过程中为实现军事目的而短期内开展的水利工程建设。本章系统考证秦征岭南的历史过程、战略背景及灵渠开凿时间等问题，全面还原史禄开凿灵渠的历史背景。

一、秦统一岭南的战略形势

秦征岭南的过程与灵渠的开凿是相互关联的，征岭南的过程不仅和灵渠的始凿年代有关，而且和灵渠开凿的过程有关，也和评价灵渠在秦军平定岭南中的作用有密切关系。开凿灵渠是这次战争的一个重要组成部分，因此，研究史禄和他主持创建的灵渠，不能不回顾这次平定岭南的战争过程。

秦并六国之后岭南并没有随即纳入秦的疆域范围。秦的南方疆界以外还存在着一个广阔的岭南地带，秦汉文献称这一地方为

"北户"，约略相当于今两广地域。一条大致东西走向的五岭山脉分隔了岭南与岭北的势力范围。秦始皇发动对百越的战争，重点就是平定岭南地区。

关于秦征岭南的战争，由于历史记载非常简单，史学界颇有争议，是一次战争过程，还是多次战争过程？其过程如何？仅仅对于始征岭南的年代，就有始皇二十五年（公元前222年），始皇二十六年（公元前221年），始皇二十九年（公元前218年），始皇三十年（公元前217年）和始皇三十三年（公元前214年）等不同说法。

一个重要的分歧在于如何理解《淮南子》中的"三年不解甲弛弩"，是"停兵整顿"，还是积极进攻。秦征岭南应是经历过多次战争，有过艰难的过程。而首次征岭南的时间，没有明确的记载。

在此之前，始皇二十四年（公元前223年），秦将王翦率60万秦兵攻楚。此时的楚国都城已迁到寿春（今安徽寿县）。始皇二十五年（公元前222年），王翦"定荆江南地，降越君，置会稽郡"。王翦进攻的方向并非岭南，而是长江流域。始皇二十六年（公元前221年），秦灭齐，统一全国，并开始发动南征百越的战争。

大部分研究认为秦始皇发动对百越的战争应当发生在秦始皇统一中国的当年，即公元前221年。主要根据以下两条重要记载。

记载一：

《史记·主父偃传》："及至秦王，蚕食天下，并吞战国，称号曰皇帝，……欲肆威海外，乃使蒙恬将兵以北攻胡，辟地进境，戍于北河，蜚刍挽粟以随其后。又使尉屠睢，将楼

船之士南攻百越，使监禄凿渠运粮，深入越，越人遁逃。旷日持久，粮食绝乏，越人击之，秦兵大败。秦乃使尉佗将卒以戍越。当是时，秦祸北构于胡，南挂于越，宿兵无用之地，进而不得退。行十余年，丁男被甲，丁女转输，苦不聊生。自经于道树，死者相望。及秦皇帝崩，天下大叛。"

《汉书》的记载类似。

此记载说明，秦统一后，北攻匈奴，南攻百越，一直到秦始皇崩，经历了十余年。秦始皇崩，时间在始皇三十七年（公元前210年），往前上溯十一年，就是公元前221年。所以北攻匈奴，南攻百越不会早于这一年，也不会晚于这一年。早于这一年，就是统一以前的事情；晚于这一年，则不符合"行十余年"之说。正好在公元前221年。

记载二：

《史记·南越列传》："南越王尉佗者，真定人也，姓赵氏。秦时已并天下，略定杨越，置桂林、南海、象郡，以谪徙民，与越杂处十三岁。佗，秦时用为南海龙川令。至二世时，南海尉任嚣病，且死，召龙川令赵佗语曰……"

此记载说明，秦军进攻百越一直到秦二世时，任嚣召赵佗嘱托后事，持续了十三年。秦二世亡于公元前207年，据考证，"任嚣语佗"之事在公元前208年。秦平百越之战开始于此之前十三年，这一年则正好是公元前221年。该年为秦始皇发动对百越战争的第一年，就是《淮南子》记载的五路进兵的开始：

又利越之犀角、象齿、翡翠、珠玑，乃使尉屠睢发卒五十万，为五军，一军塞镡城之岭，一军守九嶷之塞，一军处番禺之都，一军守南野之界，一军结余干之水。三年不解甲弛弩，使监禄无以转饷。又以卒凿渠而通粮道，以与越人战，杀西呕君译吁宋。

这五军所处之地：余干、南野、九嶷、镡城、番禺，实为五个镇戍区，它们或处陆上冲要，或处水上津梁，或守点控线，或守点控面，以图控驭"其性强梁"的岭南西瓯、南越和震慑临近闽中、黔中等地区。

这一时期可以理解为秦军征百越战争的第一阶段，这时进攻岭南的战争还没有开始，主要任务是在镇戍区肃清残敌，巩固后方，筹措军需物资。

秦五军所驻之处，镡城之岭约当汉镡城县南界，九嶷之塞在汉零陵郡南部，番禺之都即今广州。南野之界指东汉南野县的大庾岭，在今江西南康，余干之水即江西信江。五军"结余干之水"者，所向为东越；"守南野之界""处番禺之都"者，所向为南越。此三处驻军，后来的战争如何进行，历史上没有更多的资料记载。

真正值得关注的是所向西瓯的两路驻军。

一路是"塞镡城之岭"的驻军，镡城地处湘、桂、黔交界处，为控驭云贵、两广的锁钥，镡城无论是在战略位置上，还是在交通和商贸等条件上，都具备区域战略中心的各种要件。镡城镇戍区承担着越城岭道的战备任务，是岭南最西的一个防区。越城岭通道在今广西壮族自治区兴安县境内，跨越湘江与漓江之间的分水岭隘口，在地理上著名的湘桂走廊的中部，大概由今湖南洪江，入今广西兴安县。

政区上，镡城属洞庭郡，当时是攻打岭南的前线，后文将说明，"禄"当时正是洞庭郡属县迁陵县的代理县令。

另外一路"守九嶷之塞"者，大概由今湖南宁远入今广西贺县，"九嶷"即九嶷山，亦名苍梧山，在今湖南宁远县境内，属南岭山脉之萌渚岭。在九嶷地区设置镇戍区，不但可以强有力地控驭当地少数民族，还可越萌渚岭南下，到达今贺州地区，进而威慑桂林郡的东北部地区。九嶷镇戍区主要承担萌渚岭道方向的作战任务。①

在政区划分上，九嶷镇戍区大约相当于秦代的苍梧郡。

这两路大军的进兵方向都是西瓯越地。开凿灵渠，进入岭南攻打西瓯越人，主要是这二路秦军。

关于《淮南子》《史记》和《汉书》记载的尉屠睢率军攻打岭南一事，秦简有始皇二十七年（公元前 220 年）、二十八年（公元前 219 年），尉屠睢仍然在苍梧郡的记载。

张家山 247 号汉墓竹简《奏谳书》简有如下记载：

> 御史书以廿七年二月壬辰到南郡守府，即下，甲午到盖庐等治所。其壬寅，补益从治，上（尚）治它狱。四月辛卯，鸼有论去。五月庚午，朔，益从治，盖庐有资（赀）去。八月庚子朔论去，尽廿八年九月甲午巳。……隼曰：初视事，苍梧守灶、尉屠睢谓隼：利乡反，新黔首往击，去北当捕治者多，皆未得，……氏曰：苍梧县反者，御者（史）恒令南郡复。……劾下，与攸守媱、丞魁治，令史与义发新黔首往候视，……南郡复发吏乃以知巧令攸诱召聚城中，……苍梧守

---

① 赵炳林 . 秦代"五岭之戍"述考 . 中国边疆史地研究，2018（06）：36-43.

已劾论□□□□□□□及吏卒不救援义等去北者，……令：所取荆新地，多群盗……

该竹简所言的二十七年，即始皇二十七年（公元前 220 年），当时苍梧郡的郡守叫灶，郡尉叫屠睢。苍梧郡最迟在秦始皇二十七年二月已经为郡[①]。

根据研究，《淮南子》和《史记》中提到的尉屠睢，就是张家山汉简《奏谳书》中提到的在始皇二十七年至二十八年时担任苍梧尉的屠睢。"尉"为职官名称；"屠"与"徒"音同，可相通。如《史记·孝文本纪》有"淮阳守申徒嘉"，《汉书·文帝纪》作"淮阳守申屠嘉"。"申徒（申屠）"是复姓，张家山汉简《二年律令》有"申徒公主"，可证"徒"为本字。"睢"与"唯"因字形相近而通用。所以，传世文献中的"尉屠睢"就是出土文献中的"尉屠睢"[②]。

苍梧郡在何地，据考证："不论是楚国的苍梧郡，还是秦国的苍梧郡，其辖地绝大部分在今湖南境内，而与今之广西梧州无关。将今梧州设为苍梧郡府，乃是汉代之举。"[③]据汉简资料分析秦国所设立的苍梧郡，大体相当于今湖南湘江流域。因此，其郡治很有可能当在今郴州市境内。[④]今天湖南全境（或者加上周边更广阔区域），在秦朝被分置为洞庭、苍梧二郡。[⑤]

① 蔡万进.秦"所取荆新地"与苍梧郡设置.郑州大学学报（哲学社会科学版）2008 年 9 月，103-105.

② 守彬.秦苍梧郡考.出土文献研究（第七辑），2005，上海古籍出版社.

③ 龙仕平，邱亮.苍梧郡望再考［J］.文化学刊，2017（07）：206.

④ 龙仕平，邱亮.苍梧郡望再考［J］.文化学刊，2017（07）：204-206.

⑤ 曹旅宁.岳麓秦简所见秦始皇南征史事考释［J］.秦汉研究，2018（00）：70-73.

作为秦军统帅的尉屠睢，为什么在苍梧，换句话说，为什么委任苍梧郡尉这样较低级的军官来担任征越大军的统帅？同样，为什么任用"监禄"这样身份并不高的地方官主管大军的后勤粮草供应？这可以从当时苍梧郡和洞庭郡重要的军事地位得到很好的诠释。

图 2-1　秦代苍梧郡、洞庭郡和南郡位置图

秦军征越，兵发五路大军，其中三路在苍梧郡和洞庭郡范围内，驻军在交界区域，以此更显苍梧郡和洞庭郡的重要性，它们的军事功能强于政治和经济功能，更带有后方支援和管理性质。从秦朝廷对越用兵所部署的强大军事力量来看，苍梧郡境内，可能有一个战时管理机构驻扎，统一号令 50 万大军。战时管理机构设置在郴县、耒阳、鄢县（衡阳）等其中一个或多个城市，目的是保障后方长沙、益阳城等地的安全，从而建立这样一个稳固的、起缓冲作用的战略基地。总的来看，到秦时，因军事的需要，苍梧

郡重心向南移到南岭北部区域，或某一时以郴县、耒阳、酃县（衡阳）其中的一个地方为管理中心。[①]

因为苍梧郡和洞庭郡的战略位置和军事管理中心地位，他们成为实际上进攻岭南的军事基地和前线，而苍梧郡尉屠睢成为征越军队的统帅也就不足为奇。作为洞庭郡和苍梧郡监郡御史的监禄，主管军队的后勤，也就是非常合理的事情。

这些情况说明，始皇二十七年（公元前 220 年）至二十八年（公元前 219 年）时，秦军仍然没有开展对岭南的进攻。而是在苍梧建立军事管理中心，为进攻岭南做准备，尉屠睢仍然在今湖南的湘江中游一带活动。

这就是秦军进攻岭南前的军事部署和大致形势。大约在始皇三十年（公元前 217 年），秦军真正向岭南进攻，开始秦征百越的第二阶段。

二、秦征岭南的军事交通运输需求

秦汉时期岭南地区，高山阻隔，丛林密布，水道纵横，网络全区。水路是主要交通方式，居住在这里的"便于驾舟"的越人，主要就是仰仗这些水道以沟通区内外的交通。当时的水路交通要道有沟通黔桂的红水河道，沟通滇桂的右江水道，沟通粤桂的西江水道，沟通广西和东南亚的合浦海道，沟通广西和越南的左江水道等。

《汉书》在描写岭南地区的交通时说道：

"限以高山，人迹所绝，车道不通，天地所以隔外内也。其入中国必下领水，领水之山峭峻，漂石破舟，不可以大船

[①] 罗胜强，周金华. 楚秦苍梧郡探析［J］. 湘南学院学报，2019，40（01）：6-10.

载食粮下也。越人欲为变，必先田余干界中，积食粮，乃入伐材治船。"

这里说得很明白，越人要和中原对抗，粮食是最重要的，要水路运粮和当地营田并举。同样的道理，中原军队要想深入越地，营田短期难以开展，开通水道，运输粮食就成为第一重要的任务。

而在桂北地区，湘桂走廊是一条便捷的交通要道，其历史可以追溯到很古的时候。根据考古资料，桂北地区以及广西内地的兴安、恭城、平乐、忻城、宾阳、武鸣、横县等地都曾发现大量商周时期的卣、钟、鼎、戈、矛、剑、箭镞等青铜器，大多具有中原或楚地特点。这些北方器物的南来，基本上都经由湘桂走廊。[①]但著名的越城岭和都庞岭横亘于湘、桂交界地带，成为阻碍湘桂走廊通道水运的瓶颈。

秦统一以前，战国时楚国就对湘桂走廊的开发非常重视。鄂君启节是楚怀王颁发给鄂君启运输货物的免税通行凭证，据此节文记载，楚国的水运相当发达，楚国在湘水、漓江分水岭附近设有洮阳关（鄂君在此地免税），溯湘江而上过洮阳向南，或水路，或陆路可以远至岭南。可见早在战国中晚期，楚国的官商船队就经由湘、资、沅、澧诸水，远达沅湘上游及五岭地区经商，最远可达洮阳等五岭关口。从商贸开发的角度看，早就有开发湘桂走廊的需求。楚国势力当时已由湘江上游到达岭南漓江上游一带了，楚国对于湖南南部与岭南北部的经营，为秦开凿古道统一岭南打下了良好的基础，是后来促进开灵渠军运的因素之一[②]。

① 琼恩.壮族地区的古代交通［J］.广西民族研究，1988（04）：77-84.
② 邓飞龙.论秦汉岭南古道的形成［J］.湘南学院学报，2016，37（03）：5-9.

由此，也可以大致推断，对于沟通湘江和漓水的路线，民间早有认识，但是，由于民间的力量有限，难以进行沟通湘水和漓水这样的大工程。不过，有了这样的认识和理论基础，监禄能够在战争状态下比较顺利地开通灵渠。

促使灵渠开凿的另外一个因素，是秦朝的军队进兵岭南，主要依靠水路进兵。《史记》记载很明确："使尉屠睢将楼船之士南攻百越。"平定百越是水路进军，水路运输，应该还有大量的水军战士。

所以，疏通水路和水道是进军岭南过程的重要工作。凿通灵渠，连接湘江与漓江是进军岭南，尤其是向南海进兵的必经之路监禄凿渠，除了凿通灵渠，开凿灵渠前和开凿灵渠后，都可能有不少疏通水道的工作。清人屈大均《广东新语》认为："粤之上游，如洭，如漓，如横浦，如䍐泀，皆湍急多石，其可舟行者，或皆史禄所凿。不止灵渠，自史禄凿灵渠，而两伏波赖之以下楼船，唐蒙所以请从夜郎浮舟直至番禺西浦者，亦以禄尝开辟此道云。"

三、当时的水利工程技术水平

秦代已经具备修建大规模水利工程的技术和能力，秦国在统一六国之前，就修建了都江堰和郑国渠这样大型的水利工程，都江堰的分水技术，郑国渠的渠系工程技术，都在灵渠修建中有所体现。都江堰由百丈堤、都江鱼嘴、飞沙堰和宝瓶口等部分组成，其工程结构和分水原理都与灵渠十分相似。郑国渠开凿于秦始皇元年（公元前246年），干渠东西长"三百余里"，横穿几条天然河流，其大型渠道的修建技术，对灵渠都是很好的借鉴。都江堰、郑国渠与灵渠的建成时间，相距只有30多年，属于同一个时代和

同由秦国主持修建的工程，很可能有技术和经验方面的传承。

秦国具有的军事水利传统和水利技术，在当时领先各国。灵渠的修建，是秦国军事水利成就的延续。

秦国对于军事水利的运用，不仅体现在兴建水利工程方面，还体现在利用水利工程，以水代兵作战方面。公元前279年，秦将白起伐楚，修建百里长渠，水灌鄢城，以几万人的兵力，打败楚军几十万人，创造了水攻战历史上一次以少胜多的鲜见战例。这次水攻战修建的白起渠，后来演变为著名的灌溉工程。白起渠虽建在楚国，但是其始建者白起却是秦国的将领，也可以说是秦国水利工程的一项成就。公元前225年，秦将王贲攻魏，引黄河水淹灌大梁城，创造了历史上用水战灭国的辉煌战果，其引水技术和对黄河水文的了解也达到了很高的水平。

灵渠开凿之前，包括秦国在内的各国水利技术已经达到一定的水平。

运河技术，沟通不同水系跨流域通航的技术，春秋战国时已有诸侯国成功尝试。公元前486年，吴国为讨伐齐国而开挖的邗沟，以打通江淮间的湖泊为主，沟通了长江和淮河水系。公元前361年，魏国开挖的鸿沟，沟通了黄河和淮河水系。较小的运河，如齐国开挖的济淄运河，沟通济水和淄水。这些运河都是沟通天然湖泊或河流，长度不长，且在平原地区，高差小，没有调节水位的要求。

筑堤技术，战国时筑堤技术已经相当成熟，堤防断面的设计，堤防建筑方法，都有相应的理论。黄河系统堤防已经形成，修筑高大堤防已经没有问题。

筑坝方面，有坝取水工程战国初期已经出现，修建渠首工程，筑坝引水的工程如漳水十二渠、郑国渠等，有了"激"水的思想。

渠道技术，已经有对渠道坡降设计的基本概念，已经有初步的渠系规划。可能有原始的水准测量。

但是，船闸的技术在先秦时期尚未出现，文字记载和考古上都尚未发现在秦代有大型的灌溉闸门。

航运在战国时期的楚国已经成为非常普遍的出行方式。战国中期，鄂君启节规定的航运范围，自鄂（今湖北鄂城）启程，可达今湖南、安徽、江西、河南等省。其中西南路，自长江入湘水，西南可达今广西全县附近，由湘水支流可达今湖南郴县。

秦国的水利工程技术为修建灵渠创造了很好的条件，另外，当时和越地邻近的楚国，水利技术也比较发达，这些都是灵渠修建的技术基础。

都江堰的鱼嘴与灵渠的铧嘴，是同一类型的水利建筑物，都起着分水作用，而同时代兴修的水利工程之间不能排除技术交流的可能性。尽管历代对铧嘴是否修建于秦代素有争论，但多数学者、专家还是认为铧嘴建成于秦代的可能性较大，就当时的情形而言，要建南北渠道是不能没有分水工程设施的，除此别无他途。

第二节　灵渠的开凿

灵渠是中国古代最著名的水利工程之一。据《淮南子》记载："（秦皇）又利越之犀角、象齿、翡翠、珠玑，乃使尉屠睢发卒五十万，为五军：一军塞镡城之岭，一军守九嶷之塞，一军处番禺之都，一军守南野之界，一军结余干之水，三年不解甲弛弩。使监禄无以转饷，又以卒凿渠而通粮道，以与越人战，杀西呕君译吁宋。"秦始皇为统一岭南，由尉屠睢带兵 50 万攻打，而大量

军饷则无法运至前线，为此命负责军队后勤供给的史禄开凿灵渠作为粮道。公元前214年，灵渠建成，秦军得以杀其王"译吁宋"，最终实现统一大业，并在岭南设立桂林、南海和象郡三郡。自此之后，灵渠一直是岭南地区与中原交流的交通要道。

一、灵渠开凿的准备

根据秦代的生产力水平，当时兴建大型水利工程，需要大量人力物力，这从郑国渠的修建过程可以得到印证。韩国认为，修建郑国渠可以拖垮秦国，可见水利工程需要投入的是举国之力。灵渠的修建与郑国渠和都江堰有很大不同，郑国渠和都江堰都是在相对和平的环境下修建，工程所在的关中和四川成都地区，人口比较稠密，经济比较发达，人力物力相对容易解决，且没有战争的干扰。

灵渠的修建是在与越人交战的情况下进行，其中的人力和物资供应，基本要依靠军人（"又以卒凿渠"）和军需，这些军需物资大部分来自湖南、湖北和江西等邻近地区，也可能部分征用当地越人解决。秦时，湖南、江西大部分地区人烟稀少，又是刚占领的楚国土地，即所谓的"荆新地"，社会状况不稳定，筹集军需物资相当不容易。禄正是在这种困难条件下，临危受命，负责大军的粮草供应和转运，其任务非常艰巨。

调配运输军需物资，军事后勤是决定战争胜败的一个重要因素，如何合理有效地实现军用物资的调配，做到省时、省力、保障及时，成为军事后勤的一个突出问题。2002年湘西里耶古城出土的秦简向我们展示了秦军后勤保障体系的运作方式。

里耶秦简J1正面记载：

灵渠 亦通舟楫亦溉田

廿七年二月丙子朔庚寅，洞庭守礼谓县啬夫、卒史嘉、段（假）卒史谷、属尉，令曰：传送委输，必先悉行城旦舂、隶臣妾、居赀、赎责（债），急事不可留，乃兴徭。今洞庭兵输内史及巴、南郡、苍梧，输甲兵当传者多节传之，必先悉行乘城卒、隶臣妾、城旦舂、鬼薪、白粲、居赀、赎责（债）、司寇、隐官、践更县者。田时殹（也），不欲兴黔首。嘉、谷、尉各谨案所部县卒、徒隶、居赀、赎债、司寇、隐官、践更县者簿，有可令传甲兵，县弗令传之而兴黔首，兴黔首可省少弗省少而多兴者，辄劾移县，县亟以律令具论当坐者，言名、夬（决）泰守府。嘉、谷、尉在所县上书，嘉、谷、尉令人日夜端行。它如律令。

这支简是始皇二十七年（公元前 220 年）二月十五日，洞庭郡郡守下达给郡县官吏的公文文书。文中提及洞庭郡要为内史和巴郡、南郡、苍梧生产军需物资，运输时需要大量人力，因此郡守援引法令，检查劳役是否影响田时农事。从简文我们可以看到，秦中央政府为了保障军需物资的筹措、运输、供应的快速高效，在与岭南交界的南部边郡地区建立了以洞庭郡为中心的军事后勤保障体系，由洞庭郡地方政府负责调配人力向内史、巴郡、南郡、苍梧郡输送军械物品。

洞庭郡在当时的后勤保障体系中占有非常重要的地位。当时在洞庭郡下辖的迁陵县担任相当于县令职务的官员就叫"禄"，他的工作很大一部分也是筹措军用物资。

迁陵县是这个供应链中的重要一环。

迁陵县位于秦西南地区，隶属于洞庭郡，下辖都乡、启陵乡、

贰春乡三乡，靠近酉水，地形崎岖、崇山峻岭，是重要的兵器制造和藏兵之所。

根据里耶秦简的资料研究，迁陵县乡均设有粮仓，县级设有公共粮仓，乡仓由乡行政系统全权管理，县乡粮仓均负责戍边人员的粮食禀领和出货。

迁陵县库是迁陵县重要的甲兵制造和储藏场所。由于迁陵县多山且植被茂盛，盛产鸟羽、漆等兵器制造的原料。甲兵制造原料由各部门分别储藏，县库官员带领徒隶领取，严格按照律令制造、保存、修缮甲兵，并通过水陆两种方式运输至他地。库的建设具有良好的防火、防盗、适温特点，便于甲兵等物资的储藏。县库设有库啬夫和佐，负责县库所藏甲兵的制造、储藏、修缮和运输，在特殊时期，还有库守代行库啬夫之责对县库全权管理。县库中主要劳作人员是徒隶，来源于司空、仓等徒隶管理部门，专门从事甲兵原料获取、制造、运输等劳作。迁陵县库具有甲兵制造和储藏的双重职能，甲兵制造原料基本能够自给，甲兵储藏数量大，在秦统一前后西南军备储藏中占有重要地位。[①]

这些粮食和军用物资的储备，其主要目的，可能就是为了进军岭南做准备。"禄"在迁陵县管理军用物资，工作出色，经验丰富，很快升任洞庭郡监郡御史，在进军岭南的大军中担任主管后勤的任务，并被委派开凿灵渠。

再来分析秦凿灵渠的人员状况。

《淮南子》记载，秦征岭南，派出50万大军，对于是否曾经派出这么多军队平定岭南，一些学者持怀疑态度。主要理由是：

---

① 卢珊．秦迁陵县军备物资管理研究［D］．东北师范大学，2019．

其一，当时的秦朝没有这么多军队可派。其二，秦军的统帅尉屠睢是一个名不见经传的普通将军，不具备统帅50万大军的能力和资历。其三，相对来说，北方的匈奴是秦朝的主要威胁，秦朝派著名大将蒙恬率30万大军（一说10万）北击匈奴。而南越是蛮荒之地，不可能派一个没有名气的将军，率领五十万大军去征服。其四，《淮南子》的记载有所夸张。如北击匈奴，《淮南子》也认为有50万大军，而《史记》记载实际为10万或30万[①]。另外，岭南从来没有形成过一个强有力的、统一的政权，也不会有一支集权制的军队，所以，平南越并不需要50万军队。

这样的质疑有一定道理。秦始皇灭楚后，认为统一中国的主要任务已经完成，平定百越不过是扫尾工作，所以召回大将王翦。

那么50万大军的说法作何解释，在这50万人中，可能很大一部分是被发配、贬黜的难民或民工。当时使用囚徒或罪犯相当普遍。《史记·秦始皇本纪》载，始皇三十三年置桂林、南海、象郡后"以适遣戍"，《南越列传》则有"谪徙民"记载。《资治通鉴·秦纪二》："发诸尝逋亡人、赘婿、贾人为兵，略取南越陆梁地，置桂林、南海、象郡；以谪徙民五十万人戍五岭，与越杂处"等。

另外，根据秦简记载，尉屠睢曾经在始皇二十七年至二十八年在苍梧郡镇压了利乡的叛乱，抓了很多人，这些人都有可能被发配到岭南做苦工。这可以解释为什么尉屠睢作为一个郡的武将能够统领50万的大军。监禄作为一个监郡御史，可以动员大量人

---

①《史记·蒙恬列传》："乃使蒙恬将三十万众北逐戎狄"。《史记·匈奴列传》："秦灭六国，始皇帝使蒙恬将十万之众北击胡，悉收河南地。"《史记》中有蒙恬北击匈奴率军十万和三十万两种说法。

力物力挖通灵渠。

在这戍五岭的五路大军中，与开凿灵渠有关的，只有尉屠睢和监禄率领的向岭南西瓯越人进兵的这一支军队，他们人员组成比较复杂，人数不会超过 20 万人，主要是"塞镡城之岭"和"守九嶷之塞"的两路军队，他们是疏浚河道，挖掘灵渠的主力。

二、灵渠开凿的过程

开凿灵渠应当发生在秦征百越战争的第二阶段，始建年代当在始皇二十九年（公元前 218 年）或三十年（公元前 217 年）。

虽然秦征百越的战争开始在始皇二十六年（公元前 221 年），但是根据《淮南子》和秦简的记载，战争的第一阶段，秦军驻戍在洞庭郡和苍梧郡，由于交通和后勤，如粮食、人员、军械以及后方尚未巩固等问题，秦军还没有向岭南的西瓯越人发动进攻。始皇二十七年（公元前 220 年）至二十八年（公元前 219 年）九月，秦军的主帅苍梧尉屠睢正在处理利乡叛乱案件。而主持开凿灵渠的监禄在始皇二十六年（公元前 221 年）十二月时还是洞庭郡迁陵县的一个县令。

始皇二十九年（公元前 218 年），秦始皇南巡南部边疆，到达苍梧、洞庭郡一带，显然有政治方面的考虑，含有视察边防为出兵岭南做军事准备之意，灵渠的开凿应与此有关。

《史记·秦始皇本纪》：

"二十八年，始皇东行郡县，…南登琅邪，大乐之，留三月。……始皇还，过彭城，斋戒祷祠，欲出周鼎泗水。使千人没水求之，弗得。乃西南渡淮水，之衡山、南郡。浮江，至湘山祠。逢大风，几不得渡。上问博士曰：'湘君何神？'博士对曰：'闻之，尧女，舜之妻，而葬此。'于是始皇大怒，使刑徒三千人皆伐湘山树，赭其山。上自南郡由武关归。"

秦始皇的巡游路线，经梁启超考证为："由长安经华县，出潼关历洛阳开封，以达济宁。由济宁至泰安，由泰安至诸城，直穷海滨。由海州经徐州，至临淮南渡。复由凤阳西趋，经信阳至襄阳，折而东南，浮江至汉阳、岳州，以达湘阴、长沙。其归途则经沙市、江陵、襄阳，入紫荆，道商县返长安。"岳州、湘阴、长沙大约相当于岭南毗邻的秦洞庭、苍梧郡内。

从时间上看，秦始皇于二十八年从长安出发，东到海边，再绕道长沙，一路视察游玩，还曾经在琅琊停留三个月，到达长沙时，也已经是第二年，即二十九年（公元前 218 年）了。

最近出版的《岳麓书院藏秦简（伍）》刊布了一条"秦始皇禁湘山"诏书，有关内容如下。

廿九（六）年四月己卯，丞相臣状、臣绾受制相（湘）山上："自吾以天下已并，亲抚晦（海）内，南至苍梧，凌涉洞庭之水，登相（湘）山、屏山。"

这条记载说明，秦始皇到达苍梧郡的时间是二十九年四月。

无论从文献记载和秦简的记载，都可以证实，秦始皇在二十九年时南巡到达苍梧和洞庭郡，而这里正是对越人战争的前线，他不可能不过问对越的战争状况。因此，他的到来，对于征岭南战争和开凿灵渠都是一次推动。荆州博物馆馆藏未公布的汉简有"秦始皇三十年苍梧尉屠睢攻陆梁地"的记载，应当是秦军大规模进军岭南的开始①，正是在秦始皇到达苍梧和洞庭郡后不久。由此可知，大约在始皇二十九年（公元前218年）底至三十年（公元前217年）初，秦始皇下令，由尉屠睢和监禄领导的秦军开始大规模进军岭南，并开挖灵渠。这一推断，既符合传世文献记载，也符合出土秦简的记录。

但是，兵马未动，粮草先行，对于进军岭南的运输路线，监禄应该早就有所规划，况且，开凿灵渠需要一个认识过程，也需进行勘测和测量等前期准备工作，这些工作可能在秦始皇到来之前已经进行。秦始皇决心开凿灵渠，也是在前期工作已经基本完成，认为开凿灵渠可行的基础上，才下令进行。进攻岭南的时间是秦始皇三十年（公元前217年），此时灵渠的开凿工作，已经在进行中。所以，灵渠开凿的时间确定为始皇二十九年（公元前218年）比较合适。

因为开凿灵渠是一项巨大工程，尉屠睢和监禄作为郡一级的官员，恐怕很难作出决定，必须请示朝廷，而这时秦始皇正好巡视到苍梧郡和洞庭郡，由秦始皇下令，命监禄主持开凿灵渠，就很顺理成章了。《史记·平津侯主父列传》和《汉书·严朱吾丘主父徐严终王贾传（上）》都有秦王"使监禄凿渠"的说法，其下令的时间应当在这个时候。

灵渠初步凿通后，对越人的战争取得了一定胜利，秦军杀了西瓯君译吁宋。但是越人并没有屈服，而是逃入深山丛林中，使秦军难以进攻。战事旷日持久，秦军士卒劳倦，后方粮食供应不足，战斗力大大降低，越人选出有才能的人为将，乘深夜出击，大破

---

① 守彬.秦苍梧郡考［J］.出土文献研究，2005（00）：181–185.

秦兵，秦军统领尉屠睢战死。

在这种困难条件下，灵渠工程继续进行，灵渠运输线仍然在开凿过程中，一直到始皇三十三年（公元前214年），灵渠工程的通航条件继续得到改善（见表2-1）。秦始皇又派出一支由逋亡人、赘婿、贾人组成的军队，平定越地，并且设置了桂林、南海、象郡三个郡，完成了秦统一岭南大业。

表 2-1　　　　　　　　　　　秦代有关灵渠事件时间表

年号纪年	公元纪年	事件	出处	备注
始皇二十五年	公元前222年	1. 大兴兵，……王翦遂定荆江南地；降越君，置会稽郡 2. 秦设置苍梧郡和洞庭郡①	1. 史记·秦始皇本纪 2. 琴载元　文	
始皇二十六年	公元前221年	秦初并天下，……分天下以为三十六郡，郡置守、尉、监 2.（十二月）迁陵守禄	1. 史记·秦始皇本纪 2. 里耶秦简［8—1516］	1. 秦戍五岭 2. 禄担任迁陵县守官
始皇二十七年	公元前220年	1. 御史书以廿七年二月壬辰到南郡守府，……隼曰: 初视事，苍梧守灶、尉屠睢谓隼: 利乡反，新黔首往击 2. 洞庭守礼谓县啬夫、卒史嘉、假卒史、属尉: 令曰:"传送委输必先悉行城旦舂，……今洞庭兵输内史及巴、南郡、苍梧"	1.《奏谳书》 2. 里耶秦简	1. 尉屠睢在苍梧郡镇压利乡的叛乱。 2. 洞庭郡输送人员物资
始皇二十八年	公元前219年	……尽二十八年九月甲午已	张家山汉墓竹简《奏谳书》	尉屠睢仍在苍梧郡

① 琴载元. 秦洞庭. 苍梧郡的设置年代与政区演变［J］. 鲁东大学学报（哲学社会科学版），2013，30（06）：70-74.

②曹旅宁. 岳麓秦简所见秦始皇南征史事考释［J］. 秦汉研究，2018（00）：70-73.

年号纪年	公元纪年	事件	出处	备注
始皇二十九年	公元前218年	秦始皇南巡苍梧	岳麓书院藏秦简[2]	开始勘测开凿灵渠
始皇三十年	公元前217年	苍梧尉屠睢攻陆梁地	荆州博物馆藏新出土汉简	尉屠睢进军岭南
始皇三十二年	公元前215年	三十二年……始皇乃使将军蒙恬发兵三十万人北击胡	《史记·秦始皇本纪》	
始皇三十三年	公元前214年	发诸尝逋亡人、赘婿、贾人为兵，略取陆梁地，置桂林、南海、象郡，以适遣戍	《资治通鉴》	平定岭南，灵渠完工
始皇三十四年	公元前213年	适治狱吏不直者，筑长城及南越地		
始皇三十七年	公元前210年	秦始皇崩		
秦二世元年	公元前209年	陈胜吴广起义		
秦二世三年	公元前207年	秦二世亡		

第三节　早期灵渠状况

一、工程体系及状态

因为灵渠是一项战时工程，始筑时的灵渠，主要考虑快速通航的要求。从记载看，监禄凿渠，应该是凿通了灵渠，按照灵渠通航的必要条件，初创的灵渠必须完成渠线规划、高程测量、渠道开挖、筑坝分水、防护堤等几项必要工程。

（一）南渠

这是灵渠的关键部分，即凿通了湘江与桂江上游的分水岭，沟通了长江、珠江两大水系。其中包括了一些艰巨的工程，如：打开了飞来石附近的岩埂阻隔；打开分水岭太史庙山，这是开凿灵渠工程最集中的一处，在两千多年前，是一项十分宏伟的工程；浚深漓江上源的有关河道。

（二）大小天平

相当于有坝引水的渠首工程，因为湘江分水处低于连接渠道另一端的始安水口，不筑坝壅水，抬高水位，就不可能引水入渠，也就无法沟通二江。很可能在灵渠开凿当时已经设有简单的堆石坝拦蓄海洋河水，以抬高水位。大小天平也有一定分水功能，初建时是否有铧嘴，则不一定。唐代李渤重修灵渠时，曾经"铧其堤以扼旁流"，可能是李渤创修。

（三）北渠

没有与之相辅相成的北渠，不但不能通航，也不能通水。北渠虽没有南渠那样多的建筑物和土石方工程量，但渠线的选择却是一项技术性很强的工作。

（四）秦堤

秦堤为秦代建筑物，当没有疑问，因为渠北侧沿湘江故道一带，要筑堤作为渠岸，并防御湘江的洪水，其建筑难度也不大。

（五）调节水位的建筑物——陡（斗）

这些建筑物，对于灵渠的通航是重要的条件。在技术上，除了陡门以外，其他工程以秦国当时较高的水利技术水平，都是可以实现的。虽然建筑物不如后代那么完善和经久耐用，但是，通过秦军几万将士的努力，前期大量的物资准备，在监禄的领导下，用三至四年的建筑时间，应该大体上可以完成。

但是，限于秦代的生产力水平，铁制工具少，运输工具比较

原始，又是在战时的状态下，监禄完成的灵渠工程，应该比较简陋，建筑材料可能大部分是土、木和堆石，如都江堰一样就地取材，采用竹笼装石，只有关键部位才可能少量采用砌石或块石。这样符合战时工程进度快的要求，但是容易损坏。

监禄始凿的灵渠工程，经过两千多年的使用和历史上多达三十多次的维修，遗迹已经很难看到。但是，其规划的渠道线路和渠首枢纽工程布置以及主要工程，都仍然遵循秦代史禄的规划和设计。

灵渠创建时和运行最初的年月里究竟是什么样子，在文献上找不到依据，但从它所在的自然条件和已经能够通航并大批运输的情况来看，起码有下述工程必须做完。

第一，修建拦断湘江的大坝，即后来的大小天平。因为湘江分水处低于连接渠道另一端的始安水口，不筑坝拦水，就不可能引水入渠，也就无法沟通二江。灵渠是我国最早的有坝取水工程之一，并且一直保留到现在。至于那时的坝是不是现在的样子，有无铧嘴作辅助，因未见直接记载，只能留到以后去考查。

第二，打开了飞来石附近的岩埂阻隔。湘江水位被拦河坝壅高，欲引向漓江，飞来石附近的岩埂像大屏风一样地拦住引水口门，必须打开才能通渠。这一段为石灰岩，有些部分岩石还比较坚硬，现在的飞来石应为开凿后右岸的残留部分，渠底依然可见突起的岩石，滔滔渠水已流淌了两千年，至今这些岩石仍旧棱角突出。在遥远的古代，工具简陋，没有炸药等现代器材，完成这一工程是十分不易的。

第三，开凿城台岭及始安岭的山脚成渠，筑秦堤 2 千米至今大湾陡处，形成渠道。这段开山工程虽不如开飞来石和下面所列开太史庙山那样艰巨，工程量那样集中，但战线很长，左面是山，右面还要修堤，在技术上要有相当严格的要求。秦堤绵亘 3 千米，是渠水的依托，如有溃漏，将导致全部工程的败亡，特别是南陡至粟家桥一段，堤较高，所受外力大且复杂，稳定性和牢固性都要保证。

第四，打开分水岭太史庙山。这是全渠开凿工程量最集中的一处，起自大湾陡，至始安水口。其中，大湾陡至祖湾陡以下为开山，祖湾陡下到始安水口为平地掘沟，开山部分约长 400 米，开挖深度有 15 米以上，断面呈 V 字形，石质虽不如飞来石处的坚硬，但工程量相当可观，在两千年前，这样的工程就十分宏伟了。

第五，浚深漓江上源的有关河道。灵渠自始安水口以下就是漓江水系的天然河道了。开渠之前，这些河道可以季节性或终年通水，但距离通航标准还有差距。从现状看，入渠前的始安水是宽不及 1 米、流量微小的河道，欲使之通航，浚深扩宽的工程量很大。到清水河口后天然流量虽增大许多，但局部整修还是需要的。在这项工程中，以霞云陡上下最难，至今渠底石面凸凹不平，岩石完整坚硬，当年的扩挖是何等艰巨，据历史记载，这段渠道的整治一直在进行着。

第六，开挖北渠。有上述五项工程，南渠基本就绪，但没有与之相辅相成的北渠，不但不能通航，也不能通水。北渠虽没有南渠那样多的建筑物和土石方工程量，但渠线的选择却是一项技术性很强的工作。灵渠开通时，北渠不一定有后来那样的面貌，但没有与南渠相适应的形制也是不可能的。

第七，有相适应的测量技术。灵渠蜿蜒有 30 余千米，导江开山，使渠道能够通流并达到通船要求。没有相应的较高的测量技术显

然是不行的，同时代的都江堰、郑国渠和关中漕渠这些著名的大型工程的出现，都证明了这一点，可惜没有留下具体资料。前几年，在大小天平的交点，挖出带榫口的石柱一件，柱底面有磨脐形的构造与石制基座相连，可以转动。基石是一块加工过的岩石，人工箭头形尖角大致指向北方。据有关人士研究，这个石柱可能是水准测量支架，上面有缺口可放水准仪器，下面的穿透榫口为转动时穿杠杆所用，其具体功用尚待进一步研究，这是一件十分珍贵的文物。

秦代开渠上述工程与相应的技术都是必不可少的，由它所体现的工程技术水平，反映了秦代的科学水平。现代所存天平和陡门是否秦代就有，没有十足的论证根据。

二、通航功能的发挥

无论是《史记》《汉书》还是《淮南子》，都没有提到灵渠的通航状态。但从记载的事情看，灵渠"通粮道"，应该是修筑完工可以通航状态。

从征服岭南的战争过程分析，经历了由胜转败，由败转守的过程。

《史记·平津侯主父列传》："将楼船之士南攻百越，使监禄凿渠运粮，深入越，越人遁逃。旷日持久，粮食绝乏，越人击之，秦兵大败。"

《淮南子·人间训》："三年不解甲弛弩，使监禄无以转饷。又以卒凿渠而通粮道，以与越人战，杀西呕君译吁宋。而越人皆入丛薄中，与禽兽处，莫肯为秦虏。相置桀骏以为将，而夜攻秦人，大破之，杀尉屠睢。"

战争的初期，凿渠运粮，对越人的进攻取得了一定的胜利，使得秦军能够深入越地，杀了西瓯君。这说明灵渠对保障后勤供应的作用，还是十分显著的。但是后来出现了"旷日持久，粮食绝乏"的局面，或者是运粮通道不十分畅通，或者是无粮可运。

始皇三十三年（公元前214年），灵渠完工，对南越的战争取得最后胜利，设置了桂林、象郡和南海郡，灵渠作为保障后勤运输的重要一环，应该是起到了它应有的作用。

另一方面，从监禄的结局看，正史中没有记载，即使如《百越先贤传》记载，监禄留任揭岭长，其地位也低于一般县令，甚至还不如他原来迁陵守的职务，没有因为战功而升官。指挥这次战争的另外两个人物，尉屠睢战死，尉佗只得了一个龙川县令的职务，有所降低。南海尉却是另外由中央委派了任嚣来担任。这种人物结局，似可说明秦朝廷对这次战争的结果不太满意。灵渠虽然可以暂时满足战时的运输要求，但是，灵渠可能是一种勉强通航的状态。由于当时工程技术水平限制，以及战争形势下时间紧迫，人力物力供应困难，对于这样一个大型的运河工程，要在短期做到十分完善，在当时的历史条件下确实难以做到。

到了唐代后期的宝历初年（公元825年），灵渠已经是残破不堪了。唐鱼孟威《灵渠记》形容那时的情况是："年代浸远，陡防尽坏，江流且溃，渠道遂浅，潺潺然不绝如带"，以至船舶经过，"惟仰索挽肩排，以图寸进""必征十数户乃能济一艘"。这时候陡已经不起大的作用，但依靠人力"索挽"，灵渠仍然能够通航，只是非常艰难。秦代的灵渠很可能有类似的情况，略好一些。虽然如此，监禄竭尽全力，不辱使命，完成了开凿灵渠和转饷的任务，依然功不可没。

据《史记·南越列传》记载，灵渠开通后不久，到秦二世时（公元前208年），南海尉任嚣病危，招赵佗去交代后事时说："南海僻远，吾恐盗兵侵地至此，吾欲兴兵绝新道自备。"什么是新道，《史记》"索隐"解释：苏林云"秦所通越道"。任嚣要断绝与中原的交通，这时候，灵渠可能遭到破坏，至少不会继续维持通航。此后相当长一段时间，中原战乱不断，赵佗在南越称王，完全断绝了与中原的联系，灵渠应该是处于一种不使用、甚至已损毁的状态。

到了汉武帝时代，《史记》中记载建元六年（公元前135年），打算用兵南越时，"以长沙、豫章往，水道多绝，难行"，灵渠应该还是基本不通航。又过了二十多年，元鼎五年（公元前112年），为了征讨南越王相吕嘉，派"归义越侯严为戈船将军，出零陵，下漓水"。这次郑严下漓水，有可能走的灵渠。虽然史料上没有记载，但这次对灵渠应该有一些维修工程，才使得灵渠又恢复通航。

西汉，灵渠继续发挥作用，也许进行过大修和小修，但因年代久远，记载的遗漏或散失，不得而知。也有些情况可以说明灵渠不通畅。例如，汉武帝建元六年（公元前135年）欲攻南越。了解当地情况的官员唐蒙上书说："南越王黄屋左纛，地东西万余里，名为外臣，实一州主也。今以长沙、豫章往，水道多绝，难行。窃闻夜郎所有精兵，可得十余万，浮船牂柯江，出其不意，此制越一奇也。"长沙（指今湖南一带）、豫章（指今江西一带）水道多绝，当然包括灵渠在内，而要从贵州下南越，情况就很明确了。再如，东汉建初八年（公元83年），郑宏开零陵至桂阳的陆上峤道，作为经常运输的道路，也没有利用灵渠，就说明这点。南北朝后期，郦道元著《水经注》记载："湘漓同源，分为二水，南为漓水，北则湘川东北流。""漓水与湘水出一山而分源也。湘漓之间，陆地广百余步，谓之始安峤，峤即越城峤也。峤水自峤之阳南流注漓，名曰始安水。"湘漓同源是人们的误解，而这两条记载却充分说明灵渠的分水作用那时是明显存在的。

三、灵渠开凿时的工程技术

灵渠作为千古不朽的工程，奠定了在水利史上的重要地位，灵渠是我国最早的具有调节水位功能的运河工程，整个灵渠工程可概括为枢纽及渠系两大部分。枢纽部分包括大小天平—重力式砌石溢流坝、铧嘴（为分水、导水建筑物）、南北陡（为引水或进水建筑物）。渠系部分包括南北渠及泄水天平等附属建筑物。一般认为其工程成就有以下几方面。

选址科学。灵渠的修建者史禄经过反复对比勘察，准确地找到了湘漓的连接点、分水点和分水比例，在湘江上游海洋河面分水村河段作为分水点。两千多年来，灵渠虽然历代维修不断，都是在史禄工程的基础上维修和续建，说明其最初选址是最优方案。大小天平坝址所在河槽，地形为开阔低地，对枢纽布置较为有利。可以使取水口筑最低的坝，坝址的地质条件能满足要求，挖最短的渠道，渠首工程体现了它的科学性和合理性。始安水口虽也为人工渠道，但它就原有的沟谷地形，工程量则小得多。

规划合理。本枢纽总体布置基本上符合水利工程规划设计原则。灵渠工程，除渠道外，尚有大小天平、铧嘴、秦堤、泄水天平、陡门等水工建筑物，组成一完整的水道工程系统，各自配套成龙，在规划布置上具有一定的系统性、科学性与合理性。工程布置与当地的地形地质条件及河流水系分布的情况相适应，灵渠渠线的

设计巧妙合理，湘江—北渠—分水塘—南渠—漓水，加上一系列的工程和建筑物的巧妙结合，形成了一个完整规划的运河体系。

设计巧妙。大小天平和铧嘴，把湘江水按三七的比例分流，称为"三七分派"，即三分来水入南渠注入漓江，七分来水入北渠注入湘江；二是"大小天平"呈人字形拦河水坝，既起到抬高水位，壅水入渠的目的，平时使渠水保持一定深度，达到通航和灌溉目的，又起到作为泄水建筑物的作用，使汛期洪水能从坝面流入湘江。实际上它起着水量平衡的作用，保证渠道安全运行。三是"南北二渠"是沟通湘江和漓江的渠水通道，全长36.4千米，宽5～8米，能够保证行船畅通无阻；四是泄水天平分别位于南北二渠上，为大小天平的补充，用于大汛时。灵渠巧夺天工的设计与施工，是综合、系统、整体考虑各种因素的结果，也是灵渠多重综合性功能的体现。

技术创新。灵渠在技术上的成就，除了上述在选址、设计和规划上的成功外，可能是最早利用堰、堨一类建筑物来调节水位，辅助通航的运河工程。虽然它的形式可能很原始和简陋，但是，由于通航的要求，可能采取了一些调解水位和流速的措施。另外，灵渠的北渠为了减少坡降，设计成弯弯曲曲的形状，全长3.5千米，而直线距离只有不到2/3，北渠的渠线设计具有很高科学水平，在水利技术史上是一个创新，是史禄创建灵渠对水利史的重大贡献。

灵渠是一项综合了先秦时期水利技术的航运工程，在两千多年前的秦代和战争状态下，能够在较短的时间内完成这样一项具有防洪、分水和航运综合功能的大型水利工程，是十分难能可贵的。灵渠凝聚了中华民族的创造精神、聪明才智和工匠精神，它是我国水利科学史上的代表工程，与都江堰、郑国渠一起被后人并称为秦代三大水利工程。在水利工程上是和都江堰、郑国渠齐名的三大水利工程之一，在秦代建筑史上，有"北有长城，南有灵渠"之说，这说明灵渠是能够和长城媲美的伟大工程。

第四节　灵渠创建者"史禄"

史籍中对灵渠创建者的最初记述为"监禄"，见于《史记》和《汉书》，以及《淮南子》。但在里耶秦简中，关于"禄"的记载，最早为"迁陵守禄"。直至唐代方有"史禄"的称谓。所以，关于"禄"的考证，应当从"守禄"说起。本章从秦简和文献分析入手，系统考证灵渠创建者其人的姓名、官职、籍贯、宗族等情况，综合辨析各种相关说法或传说，力求从学术角度客观、严谨复原灵渠创建者的历史形象。

一、"监禄"及其名称的变迁

由于"禄"从迁陵县守升任监郡御史，于是就有了"监禄"的称呼。"监禄"的称谓最早出现在刘安的《淮南子·人间训》，后来司马迁著《史记》和班固著《汉书》也都采用"监禄"的称谓，一直到唐代。

"监禄"是把官名与人名结合起来的人名称谓，以官名冠于人名之前，古今认识基本相同。早在南宋裴骃作《史记集解》，在注解"监禄"时就指出，韦昭曰："监御史，名禄也。"韦昭是三国时人，明确说明"监禄"是名为禄的监御史。胡三省注解《资治通鉴》时，关于"监禄"的解释，"张晏曰：监郡御史也，名禄。案秦郡置守、尉、监"。更进一步指出，监御史实际为监郡御史。

秦始皇统一中国后，分天下为三十六郡，"郡置守、尉、监"。中央派出到郡级地方政府的监察御史，也可以简称为"监"。

监御史府，可以简称"监府"，里耶秦简就有"到监府事急"的记载。[①]

战国秦汉时常有官名加人名的用法，秦代更有使用单字为名的称谓习惯，例如：秦王政九年（公元前238年），车裂卫尉竭、内史肆等人，卫尉、内史等均是职官名称，竭、肆是人名。秦二世二年（公元前208年），有泗川监平、守壮，监是监郡御史，守是郡守，平、壮是人名。龙川县令赵佗奉任嚣命行南海尉事，人称尉佗等。汉武帝时期，太史令司马迁又称"太史迁""史迁"等。同理，"尉屠睢"，不是"姓屠名睢"，他名屠睢（屠睢），而姓没有被记载下来。所以，"监禄"是名为禄的"监郡御史"。但是"禄"的姓氏未知，已不可考，除非有新的考古发现。

由于对"监御史"一职有多种称呼，于是，长久以来，演变出对"监禄"的多种称呼。如：南宋王象之在《舆地纪胜》中称其为"秦御史"，北宋《太平御览》称其为"御史监"。有的文献称其为"御史监郡"，有的称其为"秦郡监"，有的称其为"秦监郡"。这些称呼其实都是监御史的简称或者异称。秦朝的地方行政机构设郡和县两个级别，郡设守、尉、监职位，其监郡御史负监察之职。

唐代开始出现"史禄"的称谓，晚唐鱼孟威的《灵渠记》最早称"史禄"，莫休符的《桂林风土记》接着称史禄为"御史史禄"。

鱼孟威改称监禄为史禄，应该仍然是官名加人名的称呼方

---

① 陈伟.里耶秦简牍校释：第1卷［M］.武汉：武汉大学出版社，2012：260.

法，"史禄"仍然是"监御史禄"的简称。不过秦代以后，不设"监御史"一职，而御史大夫、侍御史等各种御史官职逐渐增加。显然，御史的称呼更加深入人心，这可能是鱼孟威把"监禄"改为"史禄"的原因，它更符合当时人们的称呼习惯，认为"史禄"更能被理解。

但莫休符称史禄为"御史史禄"，明代也有称"监史禄"，有史禄姓史名禄的嫌疑，《舆地纪胜》也有同样的称呼，显然是一个误会。

"御史史禄"或"监史禄"的称呼并没有被普遍接受。

宋李师中《重修灵渠记》也称"史禄"，后来史籍中"史禄"称谓逐渐增多，至清代时大多称其为史禄。大部分学者仍然承认"史禄"并不姓史，"史"是御史的简称。

也有在这方面反复考证的，《广东通志》记载："后人谓史佚其姓，因史为官名，故称史禄。《太平御览》采《临桂图经》云：漓水出县南二十里柘山之阴，西北流至西南，合零渠五里始分为二。昔秦命御史监史禄自零陵凿渠，出零陵，下漓水，是也。据此则史乃禄之姓，非官名。《临桂图经》是北宋以前之书，当时古籍犹存，必出于王范《交广春秋》诸亡书之内，不可谓其说无所据也。"但这个考证没有说服力，影响也不大。

《临桂图经》是一本什么书，已经失传了，北宋以前的书并不一定就能说明问题。"御史监史禄"和唐代莫休符称史禄为"御史史禄"，其性质是一样的，有错误地以为史禄姓史的嫌疑。

其实，史禄"史佚其姓"，是对的。

历史上，对史禄的称呼很多，所以"史称史禄"的说法是不妥的（见表2-2）。

表 2-2　　　　　　　　监禄（史禄）历代称谓表

名称	文献	朝代	摘要
守禄	里耶秦简	秦	迁陵守禄
监禄	《淮南子·人间训》	汉	使监禄无以转饷
监禄	《史记·平津侯主父列传》	汉	使监禄凿渠运粮
监禄	《汉书·严朱吾丘主父徐严终王贾传》（上）	汉	又使监禄凿渠通道
监禄	《汉书·严朱吾丘主父徐严终王贾传》（下）	汉	使监禄凿渠运粮
监禄	《资治通鉴》	宋	又使监禄凿渠通道
御史监禄	《太平寰宇记》	宋	昔秦命御史监禄自零陵凿渠至桂林
监史禄	《广西建置沿革考》	明	监史禄凿渠以通粮道
秦郡监史禄	嘉庆《广西通志》卷 187	清	灵渠即漓水也，秦郡监史禄始凿，以通粮道
秦御史史禄	《舆地纪胜·广西南路·古迹》卷 103	宋	即秦御史史禄所凿
秦监郡史公	《创建秦监郡史公祠记》	清	秦监郡史公禄凿城台山
史禄	鱼孟威《桂州重修灵渠记》	唐	旧说秦命史禄吞越峤而首凿之
史禄	《桂林风土记》	唐	后御史史禄重开辟
史禄	范成大《桂海虞衡志》	南宋	史禄凿此以运之遗迹
史禄	李师中《重修灵渠记》	宋	秦史禄导海洋山水
史禄	欧大任《百越先贤志》	明	史禄，其先越人

二、人物履历及籍贯

（一）迁陵守

传世的早期文献记载"禄"的资料极其简略，只知道他在开凿灵渠时为监郡御史，负责粮草转运。但是根据出土的里耶秦简

记载，"禄"还曾经担任过"荆山道丞"和"迁陵守"。《里耶秦简牍校释》载：①

> "廿六年十二月癸丑朔庚申，迁陵守禄敢言之：沮守瘳言：课廿四年畜息子得钱殿。沮守周主。为新地吏，令县论言史（事）。问之，周不在迁陵。敢言之。以荆山道丞印行。"

这段简文中记录的是：始皇二十六年（公元前 221 年）十二月八日，"迁陵守禄"报告说："沮守瘳"致书称：在二十四年沮县的考课中，畜官卖幼畜所得收入最少，应当由前任沮县守"周"负责。"周"现在被任命为"新地吏"，请迁陵县协助追查。"禄"报告查问的结果，说迁陵县并没有"周"这个人。

这是一份由迁陵县发出的文书，迁陵守（丞）禄的本职为荆山道丞，所以这份文书签发时用的是"荆山道丞"的印，当时"禄"代行迁陵县守之职。迁陵县和荆山道分属洞庭郡和汉中郡，这份文书由迁陵县发出，荆山道是代理长官禄任本职的县。

在这里，"迁陵守禄"与"沮守瘳"互通文书，显然分别是迁陵县与沮县的长官。

这份秦简为我们提供了一个非常重要的信息，始皇二十六年时，迁陵县的守官名字叫"禄"，姓氏仍然不知道，当时的各种官吏，都是官职加名字的称呼方法，不称姓氏，这与《史记》《汉书》等记载是一致的。

什么是"守"官？里耶秦简中的"守"多为代理官吏。"守官"本义为居官、守职两个方面。当居官无法守职，需要其他官员代

---

① 陈伟主编，何有祖，鲁家亮，凡国栋著. 里耶秦简牍校释：第 1 卷 [M]. 武汉：武汉大学出版社，2012：343，简 8-1516.

行其职时，就会出现"守官"。这种临时代理政务的"守官"模式能够保证真官缺额或离署时各项工作的正常开展。因为秦新占领地区急剧扩大，原有官吏不足以充当"新地吏"，加之秦的法令严苛、徭役繁重，一部分吏员经常徭使在外，一部分吏员不称职被免，这更加剧了官署吏员不足的情况，导致有些部门没有主官来处理政务。在这种情况下，就需要设置守官，来代行主官的职务。

迁陵县于秦王政二十五年（公元前222年）置县①，属于秦国"新地"。与此相对应，在秦统一六国的过程中，伴随着秦统治区域的急剧扩大，就需要大量的官吏去管理、去统治新的领土。而秦国原有的官吏数量，在迅速扩张的领土面前就显得非常不足。即使秦律规定有过错甚至有罪的官吏，可以到"新地"任官，但仍然不能充分满足新占领地区对吏员的需求。里耶秦简反映的迁陵县吏员不足的情况，可能也会普遍存在于秦的其他新占领区。

据有关研究，秦洞庭郡迁陵县的官吏大多为外郡人："里耶秦简里可考籍贯的迁陵县吏共十九名，无一为洞庭郡人""迁陵县长吏之外，可考的十七名属吏亦为外郡人"。可考籍贯的19名迁陵县吏，分别来自蜀郡（5人）、巴郡（4人）、汉中郡（4人）、参川郡（2人）、南郡（1人）、北地郡（1人）、河内郡（1人）、颍川郡（1人），这其中的蜀郡、巴郡、汉中郡、北地郡，秦国占领日久，应该属于秦的故土，而这四郡的吏员共14人，占19名迁陵县吏的74%。由此可见，秦迁陵县的县吏多来自秦的故地。

正是在这种情况下，"禄"由汉中郡的荆山道丞转任"迁陵守"一职，算是由秦的"故地"调到"新地"任职。迁陵县的首任长

---

① 迁陵原是楚国之地，"今迁陵廿五年为县"（里耶秦简8-759）

官可能就是后来开凿灵渠的"禄",称为"迁陵守""禄"任职的时间在始皇二十五至二十六年,有一年多。

又根据其他秦简研究,在"禄"之后,担任迁陵县"守"的是"兴"。不久,"兴"战死于"郣中"。"兴"之后是"拔","拔"大概在始皇二十六年(公元前221年)六月至二十八年(公元前219年)八月间担任迁陵县的"守";始皇二十七年(公元前220年)十二月,时任迁陵守"拔"报告说:迁陵县的守"兴"、尉"瞫"、丞"阴"等均战死于"郣中"。在此之后,一直到始皇三十五年(公元前212年)七月,见有"迁陵守建"(始皇三十五年七月在任),到秦二世元年见有迁陵守"加"与"顾",其间未见有其他人得任迁陵守①。

由此可知,始皇二十六年(公元前221年)后"禄"一直没有再担任迁陵县的职务。"禄"去了哪里?这个"迁陵守禄",是否就是开凿灵渠的"禄",我们认为是同一个人。

第一,从时间上看,始皇二十六年(公元前221年)以后,"禄"没有再出现在迁陵县。这一年正好是秦始皇决定组建五路大军,平定百越的时间。禄在这一年升任监郡御史,负责大军的粮草供应,由一个地方县官成为郡级官员并负责军队的后勤工作。始皇二十七年(公元前220年)担任迁陵守的分别是"兴"和"拔","兴"战死,而"拔"任职的时间是六月。由此,我们可以推断,"禄"在始皇二十七年初,就离开迁陵守岗位,他没有战死,应该是升任监郡御史了。这与他后来去监管粮草,开凿灵渠的时间是基本吻合的。

---

① 鲁西奇.秦代的县廷[J].史学月刊,2021(09):15-32.

第二，从地点和工作性质分析，迁陵是洞庭郡的一个县，洞庭郡一共只有十多个县，迁陵是其中的大县，是进军岭南军事行动的后方，是当时进攻岭南的重要军事基地，为进军岭南筹集军需物资和征集兵员。从这里提拔一个有工作经验，又熟悉当地情况的人来负责军队的粮饷是非常合适的。由于他在迁陵县的工作很大一部分就是为前线筹集军粮，任监郡御史后，仍然重点负责军事后勤工作。这从禄后来负责大军的粮草运输来看，工作性质是非常吻合的。迁陵县与洞庭郡的联系非常密切，在里耶古城一号井共出土的197枚封检上有文字者共55枚，其中同时包含"洞庭"与"迁"字的达34枚，"迁陵以邮行洞庭"是最常见的，反映洞庭郡与迁陵县密切的文书往来。洞庭郡监郡御史的"监府"甚至经常与迁陵县也有文书往来。里耶秦简有所反映：

> "书迁陵，迁陵论言问之监府致穀（系）痤临沅监府书
> 迁【陵】。"

当时迁陵县与洞庭郡的监府，是业务联系非常密切的两个政府机构。从里耶秦简的记载看，迁陵官吏出县公干的主要任务还有押解护送各类人员以及为官府采购物资，物资运送、上事郡府等。所以"禄"因工作业绩突出，在始皇二十七年被提升为洞庭郡的监郡御史，是完全可能的。

第三，从职务看，"迁陵守"是县一级的长官，和监郡御史只相差一个级别，由县级长官调任郡一级的领导，是正常的职务提升。洞庭郡是新设立的郡，官员缺乏，所以从下属县提拔。一些研究认为："尚事功"是秦统一后选官的突出标准，包括5个方面：①具备忠君思想和为政清廉的人品；②具有胜任该职务的

真实才能；③有一定年龄要求，壮年最好；④不得任用废官为吏，废官就是已经撤职者；⑤要明悉法令。[①] 根据"禄"之后的作为，符合以上的选官标准。所以，由于工作出色，"禄"符合升任洞庭郡或苍梧郡的监郡御史的标准。当年"禄"的年龄，应当在壮年，不会超过40岁，应当在三四十岁。

第四，从名字看，在郡、县这一级别的官员中，出现名字相同的两个人，可能性很低。因为当时就洞庭和苍梧郡来说，郡县级以上的官员，人数有限。

基于以上认识，"禄"在始皇二十七年（公元前220年），由"迁陵守"提升为洞庭郡或苍梧郡的监郡御史，是非常顺理成章的职务变动。从目前的秦简资料分析，"禄"担任洞庭郡的监郡御史的可能性更大，因为洞庭郡当时就有监府，且与迁陵县往来密切，而秦简记载苍梧郡有郡守灶，郡尉屠睢，却没有郡监，也未见有监府记载。

（二）监郡御史

关于"监禄"，已知他的信息，最重要的是其官职为"监"和名为"禄"。"监"是"监郡御史"或"郡监"的简称，职责是监察官员，为什么会负责"转饷"和开挖灵渠？要了解"禄"的历史贡献，就要对秦代的监郡御史的职能，以及禄的任职情况进行分析考证。

1. 秦"监"官制及其职责

秦王朝建立后，建立了庞大的官僚机构，其中御史府为专门负责监察百官的监察机构。为了有效地对地方进行巡察，御史府

---

① 张创新. 秦国官吏选任法简论［J］. 当代法学，1993（04）64-66+74.

更派遣监御史到地方郡监察郡守、郡尉等地方官。《汉书·百官公卿表》："监御史，秦官，掌监郡"。另据《史记·秦始皇本纪》："秦初并天下，……分天下以为三十六郡，郡置守、尉、监"。因此，"监御史"是中央派出到郡级地方政府的监察御史，也可称为"监郡御史"或"郡监"。

秦始皇执政时，御史为负责司法、刑案的官员了。如《史记》记载：秦始皇焚书坑儒就是"使御史悉案问诸生"。始皇三十六年（公元前211年），天坠陨石，有人在陨石上刻"始皇帝死而地分"，秦始皇就"遣御史逐问"，御史负责问案。一般来讲，御史是由中央委派担任各郡的检察官，御史的职责是负责司法或监察百官等事宜。

为什么由一个监郡御史负责粮草转运？

实际上，秦代的御史职责相当广泛。从郡监御史所具有的行政、司法和临时军事职权看，郡监御史不仅仅是中央派出的负责监察和审核的官员，其已然成为地方上独立的行政长官，兼具行政权。根据新出土的秦简研究，"秦代地方政制并未实行长官元首制，汉郡的长官元首制是从秦郡三府分立之制变革而来。整体而言，秦郡没有单一独大的长官，郡守、郡尉、郡监御史都是秦郡长官。秦郡行政的特色为守府、尉府、监府各自拥权，相互制衡，属县不仅要面对三位各自独立的郡长吏，部分事务更须直接面对中央政府。"[1] 郡监与郡守或郡尉不是从属关系，而是相互独立的负责关系，郡守和郡监具有相同的职权，监御史甚至具有弹劾郡守的权力，岳麓秦简中就有"监御史下劾郡守"的记载，体现出监御

---

[1] 游逸飞.三府分立——从新出秦简论秦代郡制.*中央研究院*历史语言研究所集刊，第87本，2016.

史作为中央御史的派出性质。

据研究，御史为显职，职任既重且多，除掌察举非法，受公卿群吏奏事外，按史书所举也有掌管粮草的责任和义务。成书于东汉末年，应劭撰写的《汉官仪》曰："侍御史，出督州郡赋税，运漕军粮。侍御史至后汉，复有护漕都尉官。"①汉承秦制，秦代的侍御史应该类似，监管押运军粮是其职责之一。

2."监禄"所监何郡

"禄"既然是监郡御史，那么他所监察的是哪一个郡，换句话说，监禄是哪一个郡的监郡御史就很重要，但传世文献中并没有记载。

上文已经指出，迁陵守禄最有可能升任洞庭郡的监郡御史，但是，并没有直接的证据。从后来他与尉屠睢共同领导军队出征的情况分析，监禄和尉屠睢是领导这支军队的共同负责人，都是郡一级的官员。他们可能来自同一个郡。而根据秦简研究，苍梧为秦郡，尉屠睢是苍梧的郡尉，目前认识比较一致②，所以考虑推测"禄"担任苍梧郡的监郡御史的可能性也是有一定道理的。那么禄究竟是苍梧郡的监郡御史还是洞庭郡的监郡御史？

张家山247号汉墓竹简《奏谳书》中多次提到苍梧守灶、尉屠睢，而且都是两人同时出现，却没有提到监禄。"初视事，苍梧守灶、尉屠睢谓隼""灶、屠睢曰：教谓隼新黔首当捕者不得。"

根据《史记》记载，秦代的郡，设立守、尉、监三个主要领导职务，现在郡守、郡尉都出来了，而监郡御史却没有出现。按

---

① 罗义俊.秦汉的御史官制［J］.江汉论坛，1986（12）：72-77.

② 刘乐贤.咸阳出土"徒唯"印考略［J］.出土文献与古文字研究，2015（00）：511-518.

道理，应当三人同时出现，书写为"守灶、尉屠睢、监禄"才是合理的。况且，《奏谳书》本身是一份法律文书，却没有提到主管司法的监郡御史，是不符合情理的。有一种可能是在当时的苍梧郡，还没有人担任监郡御史这一职务。

另外，《奏谳书》两次提到御史："御史书以廿七年二月壬辰到南郡守府""御史恒令南郡复"。此御史是否就是作为监郡御史的禄？有研究认为，"苍梧县反者，御者（使）恒令南郡复。""恒"，意为常，可见反叛的发生在苍梧郡下辖诸县不是一次两次了。它应该是秦代的一种军事监察制度，即郡与郡之间互相监察地方上的军事举动，"复"是复查、复核的意思。"苍梧县反者，御者（使）恒令南郡复"，同样，南郡县反者，御者恒令某某郡复。①

"苍梧县反者，御史恒令南郡复。"这句话实际上表明，南郡复审苍梧县反者，是奉御史之命行事，属于一种特别情形，而不是在按常规履行郡府的职责。这可能是位于首都的御史授权南郡对与之相近的苍梧代行自己的职权。由此看来，此御史的地位，高于郡一级的行政官员，应当是指朝廷的御史大夫。中央由御史大夫来处理此事，而到了地方，却不是相应的监郡御史出面。这种情况也说明，在当时的苍梧郡，还没有人担任监郡御史。苍梧郡和洞庭郡都是新设立的郡，可能是官员的选拔还没有到位。从苍梧郡的监郡御史缺位可以看出，选拔一位监郡御史也是很不容易的，"禄"能够被选拔上来，也说明他的工作能力很强。

---

① 守彬.秦苍梧郡考［J］.出土文献研究，2005（00）：181-185.

以上分析大概可以知道，迁陵守禄后来担任的应当是洞庭郡的监郡御史，而不是苍梧郡的监郡御史。尉屠睢挂帅出征岭南时，因为苍梧郡没有监郡御史，所以就以洞庭郡的监郡御史"禄"负责军队的后勤工作。实际上，进军岭南的军队，主要来自洞庭郡和苍梧郡两个地方，所以秦始皇任命"监禄"负责大军的粮草供应是非常有道理的。

（三）籍贯

关于史禄的籍贯，史无明确记载。只有明代欧大任著《百越先贤志》有一句话提道："史禄，其先越人，赘婿咸阳。禄仕秦，以史监郡。"其根据不知从何而出。按照这一说法，史禄的祖先是越人，后来入赘到咸阳。赘婿在秦代的地位非常低下，到了禄这一代才得以入仕。这是《百越先贤志》将其收录的原因——将其视为越人中的杰出人物。

如果这一说法成立的话，他可能比较熟悉越人的生活习性、风俗地理。那么史禄参与平定百越的战争是有一定道理的。

有人根据族谱的一些记载认为，史禄祖籍可能是江西豫章一带，其根据是当时尉屠睢的军队中很大一部分是江西人，而史禄的后人史定，有"出豫章"的记载。这些说法带有很多猜测成分，没有根据。

史禄与揭姓的关系，是通过史定这个人联系起来的。欧大任《百越先贤志》卷之一载："禄留揭，长岭子孙，揭阳令定，其后也"，认为史定是史禄的后代。一些学者就此认为，难以断定："定是否姓史，是否史禄后人，未能断定，仅存疑于此，以待识者证之。"[1]

---

[1] 余天炽.《史记·南越尉佗列传》笺证［J］.华南师院学报（社会科学版），1982（01）：126-130.

看来有待更多资料证实。

《揭氏族谱》记载说，揭氏始祖揭猛原名史定，曾任汉武帝的护驾将军。公元前 135 年，因闽越王郢发兵进攻南越，汉武帝派王恢、史定兴师平乱，后收平南越，东越归汉。史定因平乱有功，于公元前 111 年被武帝封为安道侯，并以史定任职的揭邑为姓，赐姓"揭"，改名猛。

北宋苏轼子苏过著有《史揭合序》，其中有记载："史焕长子定，于建元六年以护驾将军，随王恢出豫章。"又载："焕公长子定赐姓于汉武，令后人知揭出于史。"这大概是"揭出于史"的来源。

史定其人，历史上确有记载，《史记·南越列传》："苍梧王赵光者，越王同姓，闻汉兵至，及越揭阳令定，自定属汉。"由此可知，史定是由南越国归汉的县令。《汉书·西南夷两粤朝鲜传》载："粤揭阳令史定降汉，为安道侯。"

此问题的关键是史定或史焕是否是史禄的后人。

史定姓史，史禄并不姓史，这种传说是否可信，需要更多的资料证实。族谱一般有美化自己祖先的倾向。据郭伟川著《揭氏族谱考证》一文披露，认定任嚣、史禄为揭氏祖先，是在民国三十二年（公元 1943 年）第十四次修《揭氏族谱》时增加的，没有说明根据。

大部分关于揭姓的研究结果，仍然认为史定（揭猛）是他们唯一祖先。

第五节　灵渠工程的发展

灵渠自秦代开凿之后，历代均有修葺，工程体系也不断发展完善。据史籍记载，自秦代至民国，较大规模的维修共有 38 次，这是灵渠工程延续至今的保障。唐宝历元年（公元 825 年），桂州刺史、桂管观察使李渤创设陡门，这是灵渠运河工程体系完善的主要标志。咸通九年（公元 868 年），桂州刺史鱼孟威以坚木植立作陡门，并将陡门增至 18 座。北宋嘉祐三年（公元 1058 年），提点广西刑狱兼领河渠事李师中将灵渠陡门增至 36 座。

一、唐宋时期的完善

灵渠上的陡门创建于何时，使用情况如何，历代都有讨论，没有明确的结论。

宋李师中《重修灵渠记》："自秦迄今千余年，强民力为堤、为陡门，以制水于石上。"他认为从秦代开始已经有陡门。唐代莫休符《桂林风土记》："相传曰后汉伏波将军马援开川浚济，水急曲行回互，用遏其冲，节（节）斗（陡）门以驻其势。"他认为，汉代马援修建过陡门，调节水位。唐鱼孟威《桂州重修灵渠记》："年代寖远，堤防尽坏，江流且溃，渠道遂浅。"

从唐代莫休符、鱼孟威和宋代李师中的记载看，在李渤、鱼孟威整修灵渠以前，就已经有"陡"了。甚至在秦汉时期已经有陡门，陡门并非创始于李渤或鱼孟威，尽管他们没有史料证据，莫休符说的是"相传曰"，但是从调节水位的要求来看，灵渠始建时就有了临时蓄水，调节水位，以利通航的建筑物，是完全可能的。

根据水利史的研究，秦代还没有出现复式船闸，在灵渠上修建可以启闭的闸有相当的困难，因为当时的建筑材料、加工工具和加工技术都很难满足这一要求。但是，在灵渠上修建不能启闭的陡是可以做到的。这种陡，江南地区称为堰或埭，利用筑坝壅水来调节水位，一样可以通航。船只过坝时，必须先卸空船只，以人力、畜力为动力，用辘轳、绞车等机械将船只牵引，通过堰埭，然后再重新装船。三国时，吴国孙权在建业（今南京）附近修建破岗渎，长四五十里，由于渠道坡降太陡，全程修建了十四个埭，用埭把运河分成梯级，船只过坝时，可以用人力或畜力拖过。两晋南北朝时，在运河上修建这种埭还非常流行，有的称为牛埭。隋唐以前，运河上的通航建筑物主要是堰埭。所以，秦代的灵渠通航，大概也只能采用类似的方式。

可以推想，至少在秦代，灵渠上可能已经有早期的调节水位的通航建筑物，可能类似于堰、埭一类，虽然简陋，但可以被认为是船闸的先导，是世界上最早的通航设施之一。如果没有类似于船闸堰、埭调节水位，船只是很难跨越分水岭的。至于复式船闸，唐代中原出现船闸不久，灵渠上也很快采用了这项技术。

隋的统一结束了魏晋南北朝的长期分裂局面，国家的大一统要求国内交通必须通畅。隋开凿以洛阳为中心的南北大运河就是这一要求的产物。灵渠在这种形势下也进入了一个新的时期，技术水平达到新的高度。根据现存的宝贵资料将其主要的技术进步粗略归纳如下。

唐代是我国历史上少有的统一和繁荣时期，隋代开通的大运河在国家的政治、经济和文化活动中起着重大作用。关于岭南交通状况留下的记载很少。唐玄宗天宝元年（公元742年）是唐朝全盛时期，唐曾在长安城东修建一处巨大的港口名广运潭，供全国各地向都城运送粮盐和财富的船只停泊装卸。在一次供皇帝欣赏的各地船只的展览中，就有满载玳瑁、珍珠、象牙和沉香的南海郡（治今广州）船和满载蕉、葛和蚺蛇胆的始安郡（治今桂林）船。因为这些船都是河船①，显然是自灵渠过来的。当时的灵渠状况没有资料。后来，鱼孟威在《桂州重修灵渠记》中描述中唐时灵渠的状况是"年代寖远，堤防尽坏，江流且溃，渠道遂浅，潺潺然不绝如带，以至舳舻经过，皆同暴荡。虽篙工楫师，骈臂束立，瞪眙而已，何能为焉！虽仰索挽肩排，以图寸进。或王命急宣，军储速赴，必征十数户乃能济一艘，因使樵苏不暇采，农圃不暇耰，靡间昼夜，毕遭罗捕，鲜不吁天胥怨，冒险遁去矣"。这是难得的对当时情况形象而详细的记载，与《水经注》相比，基本状况一致，一是灵渠通流；二是可以通船，但条件十分困难；三是欲大量经常性通航，必须全面整修。这不仅是中唐情况，而且是自灵渠开凿以来的大部分时间的情况。

唐宝历初年（公元825年），观察使李渤对灵渠"重为疏引，仍增旧迹，以利行舟，遂铧其堤以扼旁流，斗其门以级其直注"②，据郑连第先生研究，这些内容包括：

第一，造了铧堤。修渠前拦河坝仍存在，因为那时还有"如带"的水相通，无坝水是不通的，但使坝前的水能按需要分别流入南北渠还做不到。"旁流"就是水流没按人的要求流动。因此要"铧其堤"，即把拦河坝做成人字形，并在其顶点做铧嘴，这样就可以平顺地分水了。在记述灵渠的历史文献中，这是第一次明确描述铧堤，即大小天平组成的人字形坝。根据其语气，我们可以认

---

①《旧唐书·食货志》记载这些船都是自东京、汴、宋取小斛底船，吃水浅，显然不是海船。

②［唐］鱼孟威.桂州重修灵渠记.唐兆民.灵渠文献粹编.北京：中华书局，1982.

为这个堤形是从唐代李渤开始的。

第二，分别在南北渠口做了南陡和北陡，即进水闸。《太平御览》中所谓"叠石造堤分二水，每水置石斗（陡）门一，使制之在人开闭"中的石陡门指的就是这两座进水闸。

第三，修建了渠道上的陡门。陡门，即闸门，最迟在西汉已有大量用于灌溉和排水。[1] 通航闸门用在运河上，现查到最早的文献在南朝宋景平年间（公元 423 年）。[2] 唐朝出现了复闸，即船闸[3]，则灵渠中李渤所建 18 个陡门中会有早期的船闸或多级船闸存在。隋唐以前运河上的通航建筑物主要是堰埭，中原出现船闸不久，灵渠也有了船闸，这是合理的和必然的。铧堤和陡门的出现完全改变了全渠的面貌，大大延长了通航的时间，并使行船顺利。

李渤时的重修在规划设计上是一次革命，但其施工质量很差，"当时主役吏不能协公心，尚或杂束筱为堰，间散木为门，不历多年，又闻湮圮，于今三纪余焉"。这时"役夫牵制之劳，行者稽留之困，又积倍于李公前"。这是鱼孟威在咸通九年（公元 868 年）写《桂州重修灵渠记》时的情景。一纪为十二年，三纪是三十六年，说明李渤修渠只维持了几年。鱼孟威在重修灵渠时吸取了这一教训，在工程质量上狠下功夫。"其铧堤悉用巨石堆积，延至四十里，切禁其杂束筱也。其斗（陡）门悉用坚木排竖至十八重，切禁其间散材也。浚决碛砾，控引汪洋"。这次重修主要做了三件事：

---

[1] 贾让在他著名的治河三策（发表于公元 7 年）中明确谈到在黄河上水门的应用，"其口以东为石堤，多张水门""旱则开东方下水门溉冀州；水则开西方高水门分河流"。可见，当时水门大量运用于灌溉和排水。

[2]《太平御览》卷三九六记载，景平年间有人过扬州水门堕水而死，证明那时已有通航闸门出现。

[3] 郑连第. 唐宋船闸初探［J］. 水利学报，1981（02）：65-72.

第一，修整了铧堤铧嘴，为加强其稳定性，选用石料的块度很大。"延至四十里"指的是同时也加固了秦堤。^① 第二是加固了陡门，用大木排竖，这与唐宋时各种闸门的石基础、木质上部结构的形式也是一致的。^② 第三是疏浚河道。经此次整修，李渤的整治规划得以完好实现，效果很好。当时的情况是"防阨既定，渠遂汹涌，虽百斛大舸，一夫可涉。由是科徭顿息，来往无滞，不使复有胥怨者"^③。

宋代灵渠，经过多次修整，更趋完善。宋太宗（公元 976—997 年）初年，广南转运使边珝曾经修治，皇祐（公元 1049—1054 年）初，桂林司户李忠辅又按唐李渤、鱼孟威形制全面修筑。可惜他们的工作内容与成就都没有留下记载，估计这两次都是局部维修。比较知名的重修是在嘉祐三年（公元 1058 年）刑狱都水监李师中主持的一次。他所完成的工作是"燎石以攻，既导既辟。作三十四日乃成陡门三十六，舟楫以通"^④。

这次工程有两项，都在渠道上：首先是凿石疏浚，如本文第一部分所述，灵渠渠道的某些段受坚硬岩石的限制，加之开石施工效率低，工费大，虽经几次阔凿，尺寸仍不够大，需继续开扩断面。"燎石以攻"，即用火烧石，然后马上浇水、醋或盐水，

① 今秦堤自南陡起至大湾陡止，共 3 千米，大湾陡以下不再需堤防，显然"延至四十里"有误。传统说法，秦堤 4 里，即 2 千米，指到兴安城内接龙桥。可能四十里是四里之误。接龙桥至大湾陡一段也为秦堤一部分，但在咸通年间修堤时只到接龙桥，这一段没有修理。

② 郑连第. 唐宋船闸初探 [J]. 水利学报，1981（02）：65-72.

③ [唐] 鱼孟威. 桂州重修灵渠记. 唐兆民. 灵渠文献粹编. 北京：中华书局，1982.

④ [宋] 李师中. 重修灵渠志. 北京：中华书局，1982.

使岩石在热胀冷缩中裂成碎块。这种方法在我国水利史上是经常用到的。东汉虞诩在甘南开运河和唐李齐物在三门峡凿开新河都是用这种方法，这是我国在用爆破开挖岩石方法使用之前的一种独特的开挖方式。第二，将唐代18个陡门增建为36个，比现代有迹可寻的总数还要多，对不利于航行的河段控制能力更强了。此次维修的工作量不算大，只用34日就完工了，修整的范围只局限于渠道。但从李渤修渠至此，已完成了灵渠治理规划的全部内容，灵渠工程技术的发展已基本完善。此后，在绍兴二十九年（公元1159年）、乾道年间（公元1165—1173年）和绍熙五年（公元1194年）都曾进行过维修，规模似都不大，也无详细记载。

灵渠工程在宋代完善，这与我国各地唐宋时期水利工程都趋向完善的情况是相一致的。

铧嘴——"于上流砂碛中叠石作铧嘴，锐其前，逆分湘水为两"。

人工开渠与秦堤——"依山筑堤为溜渠，巧激十里而至平陆"，指铧嘴至始安水口，人工开渠的情况与现在保留的状况无异。

浚凿天然河道——"凿渠绕山曲，凡行六十里"。与现状相同。看来，用曲线平缓水的坡降来源是很久远的。

天平——"自铧嘴分水入渠，循堤而行二里许，有泄水滩，苟无此滩，则春水怒生，势能害堤，而水不南；以有滩杀水猛势，故堤不坏，而渠得以溜湘余水，缓达于融，可以为巧矣！"这个泄水滩就是今泄水天平的前身，位置相吻合，溢洪作用也与现状相同，这是最早的关于灵渠上天平的记载。这里没有描述天平的具体结构，但从其能够成功地起到保护堤防的作用和专门为溢洪而设这两点来看，它必须具备溢流坝的构造要求。记载中没有提及大小天平的溢流作用，但当时它作为拦河和分水的建筑物的存在是没有问题的，湘江丰枯变化很大，大洪水来临必然溢过坝顶，溢流作用必然存在，而且要远大于泄水天平的溢流量，具体结构现在尚无法估计。李渤时"铧其堤"，则大小天平作人字形布置似乎已经形成，南北陡已经存在。由此可见，现在灵渠的渠首建筑物已经在宋代最后完善了。

渠道与陡门——"渠水绕迆兴安县，民田赖之。深不数尺，广可二丈，足泛千斛之舟。渠内置陡门三十有六，每舟入一斗（陡）门，则复闸之，俟水积而舟以渐进，故能循崖而上，建瓴而下，以通南北之舟楫。"这里所描写渠道的规模与现在相同，"足泛千斛之舟"说明渠道整治标准很高，难得的是我们在文字记载中还看到了当时船只过陡时形象逼真的描述。现在除北渠四陡外，南渠可查的还有30陡，分布在20千米范围内，宋时的36陡也应在这一范围内，陡门应比现在更密集，必然会组成多组船闸和多级船闸这类建筑物，它出现之早、结构之巧和效果之好，应当不仅在我国，而且在世界的水运史上，也应占有一席之地。

灌溉——"农田赖之"，这里已经有了关于灌溉的明确记录，最迟灵渠在这时已经成为运溉兼利的水利工程，此后这种记载不曾间断。

管理——《宋史·河渠志》记载：南宋以前，由"两知县系衔兼管灵渠，遇堙塞以时疏导，秩满无阙，例减举员"。南宋初"县道苟且，不加之意；吏部差注，亦不复系衔，渠日浅涩；不胜重载，乞令广西转运司措置修复，俾通漕运，仍俾两邑令系衔兼管，务要修治"。在工程技术不断完善的同时，管理必须加强，宋代管理制度的加强，成为后代的基础。

二、元明清时期的维护

南宋时期的灵渠，工程体系管理制度、功能发挥均已较为完备。南宋地理学家周去非有全面叙述。周去非，南宋淳熙年间（公元 1174—1189 年）曾在广西南路为官，著有《岭外代答》十卷，《岭外代答》一书记载了南宋时岭南的山川、古迹、物产资源以及少数民族的社会经济、生活习俗等情况，是研究两广地理和历史的重要文献。他记载如下："于上流砂碛中，叠石作铧嘴，锐其前，逆分湘水为两。依山筑堤为溜渠，巧激十里而至平陆。遂凿渠绕山曲，凡行六十里，乃至融江而俱南。……自铧嘴分水入渠，循堤而行二里许，有泄水滩，苟无此滩，则春水怒生，势能害堤而水不南；以有滩杀水猛势，故堤不坏，而渠得以溜湘余水，缓达于融，可以为巧矣。渠水绕迤兴安县，民田赖之。深不数尺，广可二丈，足泛千斛之舟。渠内置斗（陡）门三十有六，每舟入一斗（陡）门，则复闸之，俟水积而舟以渐进，故能循崖而上，建瓴而下，以通南北之舟楫。"

元明清时期，在宋代基础上，灵渠的水运、灌溉功能进一步发展，工程体系也更加完备。特别是十余次重要大修（即元至正年间 1 次，明洪武、永乐、成化、万历年间各 1 次，清康熙年间 1 次，雍正年间 1 次，乾隆年间 2 次，嘉庆年间 2 次，光绪年间 2 次），各处石工越来越稳固，技术也不断有发展，防洪、通航、灌溉等工程设施更为完备，各项功能效益都达到历史时期的顶峰。特别是灌溉的发展完善，历次大修大多会将提升、修复、保障灌溉功能作为重要方面。

明代学者徐霞客曾亲自考察灵渠，他记载描述了当时灵渠的工程状况："丁丑（明崇祯十年，公元 1637 年）闰四月……二十日，溯湘江而西……至兴安万里桥，桥下水绕北城西去，两岸甃石，中流平而不广，即灵渠也，已为漓江。其分水处尚在东三里也……由桥北溯灵渠北岸东行，已折而稍北，渡大溪，则湘水之本流也。上流已堰不通舟。既渡，又东，（有）小溪疏流若带，舟道从之，盖堰湘分水，西注为漓。又东，浚湘支以达舟楫。稍下，复与江身合矣。支流之上石桥曰接龙桥，桥南水湾为观音阁，已离城二里矣。……二十二日……过观音阁，支流分环阁四面，唯南面石堰仅通水，东、西、北侧舟上下俱环绕之，惜阁小不称。阁东度石桥，循分支西岸，溯流一里至分水塘。塘以巨石横绝中流，南北连亘以断江身，只以小穴泄余波，由塘南分湘入漓。塘之北，即浚湘为支，以通湘舟于观音阁前者也。遂刺舟南渡分漓口，入分水庙。西二里，抵兴安南门。出城西三里，抵三里桥，桥跨灵渠，渠至此细流成涓，石底嶙峋。时巨舫鳞次，以箔竹帘子阻水，俟水稍厚，则去箔放舟焉。"这是明代的情况。

　　在清代大量的描述灵渠形态的文献中，清康熙年间曾亲自参加灵渠整修和管理的兴安县令陈关调的《陡河诗》最为形象生动，颇具代表性，现录其原文如下：

　　"孤城环远山，绕郭急水流，分水海洋脉，去接漓江头。秦汉疏凿力，险阻已通舟，陡军三十六，启闭无时休。空自思飞橹，未见下轻鸥，登高一怅望，分明在河洲。梦中今验矣，胡为尚久留。

　　陡河浅：脉脉浅水流，山根疏凿得。万古利行舟，凭藉群陡力，春涨才数尺，秋涸类枯洫。蛟龙失风雨，两岸没照色。

亦有倾险虞，总无不可测。嗟余薄德相，平生少蕴匿。谁云天汉高，示我真消息。

陡河狭：水势无穷极，山陵亦怀襄，其如成利济，束身就山疆。两岸杂花草，中流蔽彩光。衔橹可千百，往来绝方航。篙工暗踟蹰，矫首望高荒。进退难绰绰，踌躇只遑遑。逝者皆如斯，胡为迟暮伤。

陡河曲：水理不宜直，人心不宜曲。人曲无生气，水直难接续。古者开成手，凿河诚意笃。源引海洋波，迂回势满足。建陡三十六，陡陡自结束。遥闻舟子喧，侧见凫鸥浴。徒有破浪怀，到此顿局促。

陡河急：沧海无骤波，渊潭永澄止。长江与大河，源远流不已。滚滚气势雄，一泻可千里。奈何浅狭渠，遄迅亦如此。未敢满风帆，篙师失良技，快意只片时，阻顿日倚徙。遭逢大抵然，岂徒陡河水。”

近代以来，随着湘桂铁路、公路的开通，灵渠水运的功能逐渐蜕化。南北渠上陡门基本不再用于通航，渠道上新建不少用于灌溉、两岸交通的设施。目前，灵渠已失去全线通航条件，灌溉、生态景观等成为灵渠主要水利功能。

第三章　灵渠灌溉的发展脉络

　　灵渠始建时的目的是通航、输送粮草和兵力。随着此后的区域社会发展、沿线居民的逐渐增加，利用灵渠进行灌溉、促进农业发展和粮食生产的客观需求逐渐提升，灵渠上的灌溉工程设施不断完善。据文献记载，至迟至南宋时灵渠灌溉已达到相当规模，此后灌溉工程体系不断完善，到近代灵渠交通的战略地位被铁路公路取代，灌溉则成为其主要水利效益。

第一节　宋代灌溉体系初步形成

　　灵渠灌溉始于何时，无明确年代可考。据研究推测，由于灵渠运河的军事战略地位，屯田可能推动了早期兴安地区利用灵渠进行农业灌溉。兴安一带山多地少，可耕地大多分布在灵渠一带，随着区域常住人口的增加，灵渠灌溉成为农业发展和粮食生产的重要来源，其灌溉功能的地位遂越来越重要。

　　关于灵渠灌溉的明确记载最早见于 12 世纪。南宋乾道年间，李浩任静江（即今桂林市）知府时曾修治灵渠，在其墓志铭中记载"郡旧有灵渠，通漕运，且溉田甚广"。在《宋史·李浩传》中也有相应记载："旧有灵渠，通漕运及灌溉。"南宋地理学家周去非在其著作《岭外代答》中描述当时的灵渠，"渠水绕迤兴安县，民田赖之"。可见至迟至 12 世纪，灵渠的灌溉面积已经达到一定规模，灌溉工程体系初步形成。

记载灵渠灌溉的文献始于宋代张栻《吏部侍郎李公墓志》："公（指李浩，宋代静江知府）至镇，勤于民事。郡旧有灵渠，通漕运，且溉田甚广，近岁颇湮塞。公命疏治之，民赖其利，立石以纪。"其实根据灵渠的地理条件，南渠首段大湾陡以上 3000 米，早应开发为灌溉农田；南北区内，一直有开发自流灌溉和筒车提水灌溉。

第二节　元代灌溉地位的提高

元代文献中将灵渠灌溉效益与漕运效益并列，灌溉功能重要性不断提高。元代灵渠灌溉效益愈发重要，一些文献描述中将灵渠灌溉与漕运并列。黄裳《灵济庙记》记载，至正十三年（公元 1353 年）夏灵渠被洪水冲坏："山水暴至，一旦而堤者圮（圯）、陡者隤，渠以大涸，壅漕绝溉"，广西行中书省平章事兼肃政廉访使也尔吉尼主持重修，"于是铧陡之制加于初，漕、溉之利咸复其旧矣"。可见灵渠灌溉的地位不断提高。

第三节　明代灌溉功能更为突出

明清时期人口大幅增长，灵渠的灌溉功能更为突出，成为当地民生的基本保障，工程维修时也专门考虑到灌溉工程设施。《明太祖实录》中记载洪武四年（公元 1371 年）修灵渠时，灵渠"可溉田万顷"，虽属夸张之辞，也体现出当时灵渠灌溉效益的不可忽视。洪武二十九年（公元1386年），工部尚书兼监察御史严震直主持大修灵渠，专门修建"灌溉水涵二十四处"，标志着灵渠灌溉工程体系的进一步完善。大修后严震直在纪事诗中还将灌溉作为主要效益来称颂："塘陂经营筑版初，皇恩旁沛海南隅。民田自此多沾溉，安享丰年乐有余。"可见有明一朝灵渠灌溉效益已有相当的地位，于地方民生来讲甚至超越其水运功能。到15世纪，成化朝的政府官员朝议认为，"是渠当南服往来喉舌之地，田畴之灌溉，舟楫之通塞系焉"，已将灵渠的灌溉功能提到水运之前。

明代对灵渠的大修主要有六次，均对其灌溉功能的发挥和发展产生重要影响。

第一次，是明初期，洪武四年（公元1371年）正月，面对灵渠"岁久堤岸圮坏"的状态，为了恢复生产，下令"修治灵渠三十陡……水可灌田万顷"，在明代时期的兴安县，灵渠沿途两岸，不可能有农田万顷，"水可灌田万顷"有言过其实之嫌，因为即使到了清代初期的记载，也仅"近渠之田，资灌溉者不下数百顷"而已，但这样的描述却反映了整修后的灵渠对农田灌溉的巨大作用。

第二次，洪武二十八年（公元1395年）秋，兵部尚书唐铎前来广西进行军事谋划，路过兴安时，目睹灵渠失修湮废，便奏准由监察御史严震直主持，于次年九月进行修治，"筑其陡岸长百余丈，高五尺有奇，上下砌以巨石，中门二函（涵），以浅余流。次修中江石堤近土岸当潦涨之冲，乃高之以杀水势。增筑龙母祠前土堤五十丈许，浚河渠五千余丈。改筑滑石陡，凡渠石碍舟者，则焚而凿之。修白云、攀桂桥及灌田水涵二十有四"。这次灵渠修治，全面地注意了灌溉和航运两方面的利益，而且结构坚实，工程质

量好。严震直在《通筑兴安渠陡记》中对之叙述道："工匠精致，渠岸坚深，较之前代，相去万万。"所以整修后的灵渠除能灌溉大量的田亩外，还能使"漕运悉通"，严震直也因此升为工部尚书。有人曾把这次修治与史禄凿渠、马援修浚之功并列，"谓秦史禄、汉马援及震直古今三人云"。严震直本人也对自己的这一政绩颇为得意，曾赋诗抒怀，自得之情溢于言表。以为灵渠经这次修治后，结构坚实，渠水通畅，确保了两岸农田灌溉和粮食丰收，老百姓得以安居乐业。

其实严震直这次修治时存在严重失误，他采用的是降低溢流面而增高坝前砌石的方法，这就造成洪水来时，冲毁河岸，具体表现为大量洪水涌往北渠，而南渠水浅，行船不顺，两岸农田也失去灌溉。于是，永乐二年（公元 1404 年），针对严震直修渠的缺陷，进行了第三次修治。

第三次，乃于"埭上垒石为鱼鳞，以防涨溢冲激之患"，使大小天平完全恢复原来的工程结构，同时也恢复了灵渠通航和两岸农田灌溉之功能。

第四次，永乐二十一年（公元 1423 年），对灵渠的渠岸和陡门又进行了一次修治，具体修治的过程细节如何，史志均缺记载。

第五次，成化二十一年（公元 1485 年），在一次突发的洪水中，灵渠堤坝又遭到严重的破坏，航运不通，田畴失溉。在桂林知府罗珦的主持下，进行修治，孔镛在《重修灵渠记》中这样记叙这次修治情况："先纤沟汉畎故迹以通乎塘，横岸铧觜（嘴）北壤以抵乎沟。沟会北渠通穴之处，以暂泄水；于中岸塞中江并走之流，以便施工于下。次用巨石以甃铧觜（嘴），措鱼鳞，缮渠岸，构陡门。然后碎横岸以复北渠之口，塞纤沟以绝汉畎之流"。经过这次修浚，

"三十六陡延袤五十里，凡有缺坏，葺理无遗。爰得两渠，舟舸交通，田畴均溉，复旧为新"。这次修治，开始于成化二十一年（公元1485年）冬，完成于成化二十三年（公元1487年）秋，历时两年，共"用公帑钱七十万有奇，发丁夫一千一百人"。从上述记载来看，修治规模是相当浩大的，工程涉及的内容也比较全面，持续的时间也较长，通过对南、北渠陡门、堰坝进行全面修治，大大提高了灵渠的农田灌溉和通航功效。

第六次，万历十五年（公元1587年），广西巡按御史蔡系周，见到灵渠"十余年来废弛弗举，舟楫难通，遂致盐运坐守日月……"为了能运粤盐到湘南的衡阳、永州一带出售，以筹措军饷，经蔡系周请准明中央政府，动用所收盐税的一部分，对"自兴安县北门至三十六陡南岸冲坏去处"，进行了修治，工程具体情况虽没有详细记载，但从其动用盐税的记载来看，这一修治工程也是不小的，因为在古代，盐税是一笔相当大的收入。

第四节　清代灌溉设施的完善

清代对灵渠灌溉更为重视，雍正年间北渠回龙堤、海阳堤的修建，主要即为灌溉。雍正八年（公元1730年）修回龙石堤，即为"万亩田畴利赖"。海阳堤位于北渠出口，由于大小天平溢流泄入湘江故道的洪水冲击沙洲，导致北渠两岸的农田灌溉遭受巨大威胁，海阳堤修成后"沙洲两岸，田数百顷，禾黍彧彧"，农田安全得到保障。清末的一些言论中，甚至将灵渠与同样是修建于秦代的关中灌溉工程郑国渠相提并论："土虽瘠薄，得二渠以储民福泽，可俯视秦关郑白矣。"充分体现了灵渠灌溉对地方农

業發展的重要作用。

清代對靈渠的幾次大修，對其灌溉功能的發揮越來越重視。

康熙五十三年（公元1714年），廣西巡撫陳元龍主持了一次較大的修治。由於上一年暴雨成災，"天平石、飛來石諸險工傾決殆盡；舊設三十六陡，存其跡者僅十四陡，餘皆蕩然"。當時有人估計修復費用"非數十萬錢不可"。工程艱巨可想而知。陳元龍委託黃之孝等迅速"日集匠卒數千人"，花了一年時間，修整了大小天平，14個陡門，恢復了8個陡門，同時鑿去了全州至桂林河道中之惡石。這次修復工程，質量較好，很快恢復了靈渠的水運和農田灌溉。

雍正八年（公元1730年），由於朝廷"特重西南水利"，鄂爾泰和金鉷組織了大修相思埭和靈渠的水利活動。在靈渠方面，維修了18個陡門、36座蓄水堰壩、1道長堤（即海陽堤）和1道月堤，鑿去了149處危石。

乾隆十九年（公元1754年），兩廣總督楊應琚對相思埭和靈渠同時進行大修，共花了八千八百八十餘金。在靈渠方面，"修堤一百四道，修壩三，修陡十六，復建五，修橋二"，"用帑金四千九百兩有奇"，這次修復工程一共用了一年時間，灌溉功能得到修復。

第五節　近現代灌溉規模進一步擴大

湘桂鐵路的建成通車使靈渠的戰略功能發生改變，灌溉成為其主要效益，近現代維修建設主要圍繞擴大灌溉功能進行，主要有1932年大修、1938年大修、1947年大修；1952年系統整治並扩建、1954 年修护、1956—1957 年扩建，1956—1964 年、1965—1966 年、1969—1983 年分期扩建配套，2005 年修复铧嘴等，灌溉面积由 1938 年的 8502 亩扩大到如今的 6.5 万亩。

随着 1928 年桂黄公路、1937 年湘桂铁路陆续建成通车，灵渠的水运历史终结，灌溉遂成为其主要水利功能。1938 年扬子江水利委员会对灵渠进行系统勘测，调查统计当时灵渠上的自流灌溉渠道 13 条、堰坝 31 座、筒车 205 架，保灌面积 8502 亩，这大体也能够反映灵渠历史上的最大灌溉规模。民国时期灵渠经历 3 次较大维修。1932 年修补大小天平 43 丈至 75 丈一段及渠道堤岸共 336 丈（1109 米）。抗日战争时期，广西为抗日战争的后方基地之一，为了提高军需运输的能力和水平，国民政府经济部拨款 15 万元整修灵渠，维持南、北渠通航和农田灌溉。1947 年 12 月灵渠修建委员会主持修复了秦堤、塔塘桥墩，堵塞大小天平漏洞，修整了南陡阁。

1949 年之后，为充分发挥灵渠的灌溉效益，在遗存基础上对灵渠进行了全面修复，并维护、扩建和新建了几条灌溉支渠，维修改建部分灌溉堰坝，原有的灌溉筒车改为水轮泵，还修建了支灵水库等补充灵渠灌溉水源，使灵渠灌溉工程体系更为完善、灌溉效益大大提高。1952 年由广西水利局拨款，桂林专署和兴安县人民政府组织实施了大小天平、秦堤、泄水天平系统维修加固，并对南渠全线清淤、县城段渠道系统整修，大小天平坝前、秦堤飞来石段和其他渠道漏水段进行了防渗处理；灌溉渠道上统一修建了放水陡门，开挖了一支渠、严关干渠扩大灌溉面积。1954 年洪水后再次修复。1956 年新开三支渠，并在双女井溪上修建支灵水库和泥堰水库为灵渠补水。1957 年又修建为三支渠补水增灌的

金沙冲水库。1959—1964年，分批次实施灌区渠系配套工程建设。1965—1966年再次修建南岔塘、洛塘水库以补充三支渠灌溉水源。1969—1983年再次进行渠系工程的配套和渠道防渗工程建设。

据1980年代官方统计新中国成立前情况：北渠，有筒车24架提水灌溉470亩，自流灌溉1468亩，北渠合计1938亩；南渠总干渠300亩（上水关、下水关），一支渠240亩（高塘村、贺家塘），三支渠1586亩（樟木塘、大湾陡等村），严官干渠935亩（严关乡共有筒车19架提水灌溉455亩，自流灌溉480亩），黑石坝等处2710亩（包括提水灌溉），南渠江西坪以下3455亩（原建有堰坝23座、筒车130架），南渠合计6516亩。南北渠总计8454亩。

除此之外，还多次实施灵渠文物修缮工程和文化设施建设，2005年动工修复了清光绪十年（公元1884年）毁于洪水的100米铧嘴。目前已建成以灵渠为主体、周边多处水源补给的灌溉工程体系，灵渠灌区总灌溉面积达到6.5万亩，是兴安主要农业产区。

第四章　灵渠灌溉工程体系

灵渠工程体系包括渠首枢纽、干渠工程、防洪工程、自流与提水灌溉体系等，规划科学、体系完备、特色鲜明，共同组成有机整体，发挥灌溉、水运等综合效益。

铧嘴和大小天平构成渠首枢纽，合理的坝顶高程既能满足渠道通航、灌溉用水需要，又能使汛期大部分洪水溢流泄入湘江故道。北渠全长 3.25 千米，导水仍入湘江下游，通过人工做弯延长流径、减缓坡降，满足通航要求。南渠则穿越分水岭流入漓江，全长 33.15 千米。渠道上建有陡门，来节制水流、通航船只，最多时有 36 座，其原理类似于现在的船闸。为保障防洪安全，渠上还修建 5 处泄水天平分泄渠道多余洪水。完善的工程体系既保障了灵渠通航，也为灌溉功能的发挥提供了基础。

第一节　渠首枢纽

灵渠的渠首枢纽位于湘江，由铧嘴和大小天平，以及南陡、北陡组成，主要是壅水、分水的作用。铧嘴将湘江一分为二，再经大小天平分别导入北渠、南渠。灵渠开凿成功的关键就是渠首的选址及工程布置，科学合理地解决壅水、引水、分水一系列的水源问题。

一、大小天平

渠首工程的主体是一座拦河大坝，呈人字形布置，斜向南渠一侧的叫小天平，长 127.0 米，不加护坦宽 18.1 米，斜向北渠一侧的叫大天平，长 343.3 米，不加护坦宽 21.1 米。折线总长 470.3 米，轴线夹角95°。这座坝，坝顶全部可溢流，可以控制引水入渠的水位，天平就是这个意思，与现代溢流坝比较，形态上有差异，但作用完全一样。大小天平的人字形布置，近似拱形，受力时有拱的作用，结构上是较优越合理的。

大小天平壅高了海洋河的水位，使水能够自流入始安水。坝上游形成了一个小水库——渼潭，即所谓分水塘，有水量调蓄的作用。坝面为片石竖砌，能够在水流冲刷下保持结构稳定。汛期洪水到来之后，可以通过全长 470 多米的过流断面泄洪，巨大的泄洪能力使南、北渠的入流水位能基本保持稳定，极大地保证了南、北渠的建筑物安全。

大小天平在灵渠工程中起着十分重要的作用：首先，它抬高了湘江的水位，形成一个小小的水库，叫作渼潭，提供了湘江水分入漓江的可能，并使南渠取得了一个合理的纵断面，大大减少了工程量。第二，与其辅助建筑物铧嘴相配合，合理地分配南渠和北渠的进水量。水源较丰时南渠进口处流量一般为 5～6 立方米每秒，北渠进口处流量一般为 11~12 立方米每秒，在上游来水低于二渠流量之和时，则大致为三七分水，以保证南北二渠有相应的通航水量。第三，大小天平坝身全部为溢流段，当来水超过上述流量时，在天平顶自行溢流，使进渠水位不超过渠道容许的高程，以确保渠道的安全。第四，天平顶地溢流，泄入湘江故道，使水有所归，没有漫延冲决之祸，此时的湘江故道成了理想的排洪水道。

二、铧嘴

灵渠的分水建筑是铧嘴，它自大小天平人字形的顶端向上延伸30米至渼潭中，是一座坚固的导流长堤，与大小天平配合，分导湘水入南、北两渠。"铧嘴"名称的来历，是因为天平坝前尖后阔，古人因其形似耕地的犁铧，而称其为"铧堤"。为使分水作用更加可靠，顺天平坝尖端又专门建分水工程，即称铧嘴。铧嘴"于湘流砂磧中垒石作铧嘴，锐其前，逆分湘流为两"。其主要的作用是控制自流分水的比例。上游来水，经此一分为二，分别沿小天平和大天平流入南渠和北渠，它的作用是帮助大小天平合理分水，并使水流通顺平稳，以利建筑物的安全和行船，它是大小天平的辅助建筑物。

古人将铧嘴和天平并列为灵渠渠首工程的关键："陡河（即灵渠）功用之要，以铧嘴天平石为最，二者崩坏，则湘水无涓滴入漓，则田庐受害矣。"铧嘴的顶部是一个类似于菱形的方台，一边长41米，另一边长38米，宽22.8米，高2.3米，全部用长约五尺、宽厚约二三尺的方石块砌成，非常坚固。通常所说的铧嘴就是指这个方台，其实并不全面。

经铧嘴的分流，水源充足时，南渠进口流量一般为5～6立方米每秒，北渠流量为11～12立方米每秒。海洋河来水小于南北渠合计18立方米每秒的过流能力时，自然状态下铧嘴的分水比例大致为三七分水，但也可通过人工控制。

三、南陡北陡

　　南陡和北陡分别是南渠和北渠的进水闸，从渠首枢纽运行的角度看，南陡和北陡也可算其组成部分。由于海洋河长流不断，又有天平和铧嘴可靠的分水作用，所以当来水流量能满足两渠正常需要时，南北陡敞开，并无显著功用，当来水流量较小时，需要关陡以蓄水，提高水位，这时开关陡门才有意义。为航运需要，闭北陡，可以增加南陡的水量，船出入南陡；关南陡，可以增加进北陡的水量，船出入北渠，交替开闭，即使是在缺水季节也会把全渠航运沟通。（见图4-1）

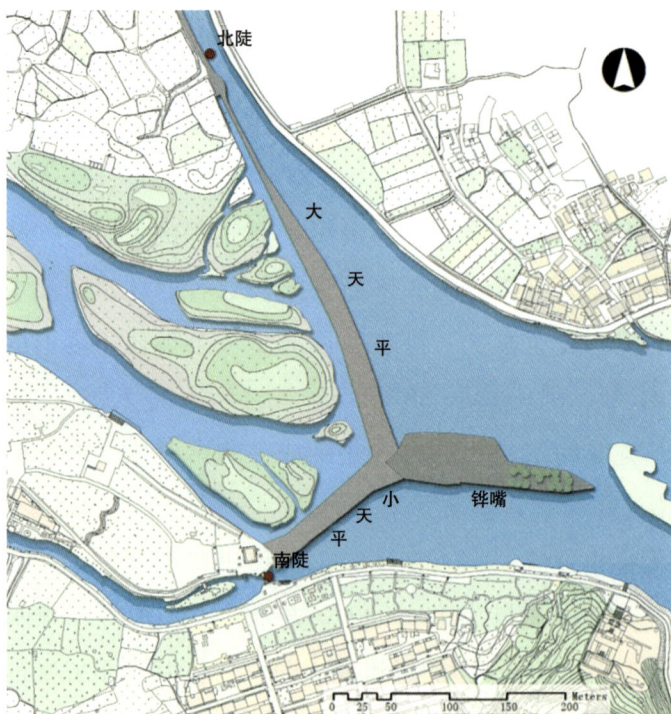

图4-1　灵渠渠首枢纽布置图

第二节 干渠工程

灵渠灌溉工程体系的引水干渠，即其南渠和北渠。

一、南渠

南渠人工河段自南陡起，至清水河口共长10.6千米，其中前3.9千米完全为人工开凿的河道，后6.7千米为在天然小河道线路上经人工重新开凿的河道，可以称为半人工河段。自清水河口至大溶江灵河口是局部经人工整治的天然河道，长22.4千米。南渠是湘江水穿越分水岭入漓江的通道，历史上讲灵渠多指南渠。由于不同河段地形不同，各段的工程特点也有所不同。

从南陡到大湾陡3千米，是分水岭前的一段。渠道大致是沿分水岭脚下开凿，右岸修筑秦堤拦水，水流就在山脚与秦堤之间。其中南陡至兴安县城前1.3千米，渠道与湘江故道平行且相距很近，最近处仅以一堤相隔。如飞来石处，灵渠与湘江故道在山岭脚下形成高程不同的两层水道夹堤而行，堤两侧高差很大，堤工非常险要，作用也至关重要。这段渠道明显为人工开凿岭脚而成，飞来石就是凿渠后右岸残留的岩体。飞来石下游50米处有泄水天平一座，是长42米、宽17.6米的侧向溢流堰。其功能与京杭运河上的减水坝相同，当南渠进水量大、水位较高威胁航运或秦堤安全时，由此堰将多余的水量排泄至右侧的湘江故道，是渠首之下自动调节南渠水位的又一道工程设施。兴安县城区河段，自粟家桥至接龙桥共长900米，渠道两岸被城市建筑夹持，仅宽5～6米。接龙桥前300米处，左岸有一小河双女井溪汇入，右岸又建泄水

堰一座，用来保证城区狭窄河段的水位不致过高。堰上有桥名"马嘶桥"，是灵渠上的一处名胜。自接龙桥至大湾陡 900 米，左岸仍傍岭脚而行，右岸堤外为农田，高程低于渠水位，是灵渠自流灌溉的主要区域之一。南陡至大湾陡的这段渠道平均坡降约 0.5‰，是全渠较为顺畅的一段。

自大湾陡至始安水口 900 米，是灵渠穿越分水岭的一段，渠宽大致在 9 米左右。此处山名太史庙山，由大湾陡至祖湾陡的 400 米，全是人工开凿的深河谷，两岸高度都在 15 米以上，灵渠开凿的土石方量集中在这段。明初江南开凿的胭脂河与此段类似。湘漓二江的分水岭以此处最为薄弱，灵渠由此穿越分水岭，使开凿的工程量最低。渠首位置的选择，一定程度上也是为了将就这处穿越分水岭的位置。自祖湾陡至始安水口是就原有的沟谷地形所开，工程量就小多了。

半人工河段自始安水口至清水河口，是在始安水上游天然窄小河道基础上，全部经人工扩挖而成。这段河道所在区域的地形坡降很大，如果渠水就地势下注，则流速太快，不仅对船只航行安全不利，水量的过度流失也会使水源问题更加突出。为平缓地形坡降，这段渠道设置了大量陡门，并通过人工做弯延长渠线长度。全长 6.7 千米的渠道上共设置了 18 座陡门来节制水流，平均 370 多米就有一座。灵渠因设置了大量陡门而俗称陡河，全渠共设陡门 36 座，1/2 都在这段不足 1/5 长度的渠道上。地形最陡峻的河段通过人工设置弯道来延长渠线长度，以此减缓渠道纵比降，平稳水的流速。最末一段弯道特征最为显著，渠线长度 700 米，其直线距离还不足一半，其中接近 180° 的反曲线大弯即有八九处之多；最末一个 60 米长的大湾，其直线距离仅 20 米。陡门的设置影响船行的速度，而且需要一定的操作和管理维护投入，在陡门已经非常密集的情况下，弯道的设置是必要的。通过地势较陡段弯道的设置，将这段半人工渠道的纵坡降平稳控制在 1.1‰左右，大大改善了对航运不利的地形条件。

灵渠开凿之后，清水河成了灵渠的最大支流，清水河口以下的灵渠渠道用的是清水河旧河槽。由于自然河道的断面形态并不一致，宽处百余米，窄处仅十余米；某些河段因断面宽浅，滩广礁多不利船行，需有工程进行必要的调节。这段渠道设陡门 8 座，水浅时可以闭闸蓄水。陡门主要位于上游段，其位置大多在弯道顶端稍下游处。除陡门之外，这段河道上还建了大量堰坝作为控导工程，其功能或壅积水量，或固定河槽、稳定滩洲，或约束水流抬高水位，与陡门一起配合，改善航运条件。

二、北渠

灵渠渠首向右过北陡为北渠，在湘江故道之右，也为人工所开，最后仍汇入湘江。一般灵渠往往只指南渠，其实不然。北渠虽然不足 4 千米长，工程形式简单，而且没有穿越分水岭的关键性工程，但却是灵渠工程体系不可缺少的一部分。

大小天平将其上游湘江水位壅高了 4 米左右，如果任湘江故道下泄，水流的平均坡降会比原来增加 1.4‰，剧烈的冲刷影响河床的稳定和河道的安全，而且湍急的水流也不利行舟。于是"（自分水塘）又东，浚湘支以达舟楫。稍下，复与江身合"，另开一段渠道，导水安全下泄仍入湘江。《徐霞客游记》中记："（分水）塘之北，即浚湘为支，以通湘舟于观音阁前者也。"指的就是这条另开的北渠。

为平缓坡降，北渠转了两个 180° 的大弯，将流径延长了 1 千米左右，渠道的平均坡降降为 1.7‰。同时，设置陡门三座（不包括北陡）控制水流，以在枯水时改善航运条件。由于大小天平拦截湘江，已把水位抬高 4 米左右，如果把北渠与湘江故道等长或取直线，则渠中坡度将会加大，不但不能满足航行要求，还会因为北渠的流速加大而破坏铧嘴的分水效果，入南渠的流量将会变得很小，甚至断流，灵渠也就不存在了。所以，北渠的定线设计是有很高科学水平的。北渠是与南渠相辅相成的，灵渠的科学概念是应包括渠首和南渠、北渠的综合建筑群（见图 4-2）。

图 4-2　灵渠分段示意图

三、干渠上的陡门堰坝

陡门、堰坝是灵渠干渠上的重要控制工程。陡门也叫斗门，也就是现在所说的闸。陡门是灵渠主要的水流控制建筑，唐代时渠道全线有陡门 18 座，宋代增至 36 座，因此灵渠又被称作陡河。陡门的结构和功能相当于现代的水闸。灵渠上的陡门主要是在枯水时发挥作用，渠道水少时关闭陡门，蓄积上游河水，等水深达到吃水要求后，船只就可以在这段渠道上航行。每座陡门都控制相应的一段渠道，船只就可以这样逐段通行。宋代周去非的《岭外代答》即有"渠内置斗（陡）门三十有六，每舟入一斗（陡）门，则复闸之，俟水积而舟以渐进，故能循崖而上，建瓴而下，以通南北之舟楫"，明确阐述了陡门的功用（见图4-3）。

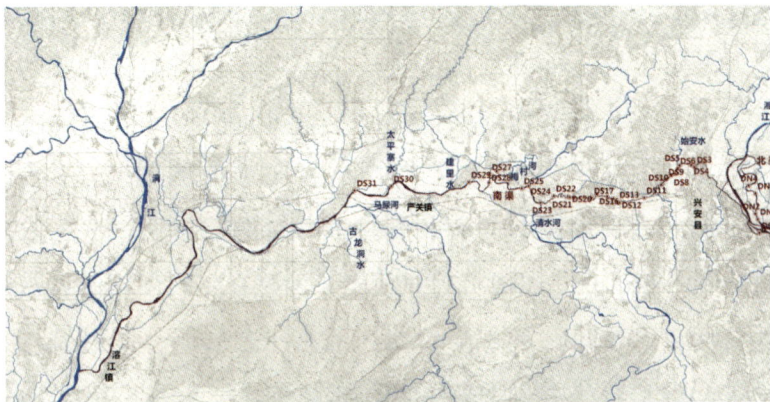

图4-3　灵渠陡门分布图

陡门相传有36个，今连同北渠内之半边陡（已改堰）何家陡、晒禾陡、湾陡及北陡（已毁，沉于水下）计共为35个。陡门完全为航运而设，其作用如临时船闸，郑连第先生认为其使用方式与现代船闸类似。据民国时期的描述，当船只下行时，先将前面二三座陡门堵住，其堵水方法是以横木为梁（每座陡门上都备有木梁，用三角木马（俗称水马）支成排架，再放置篾席片（俗称水垫）挡水即可。每陡堵住后，可以抬高上段水位约两公寸（1公寸=0.1米），然后船只前进；上行时则较为困难，需倒堵船后面的陡门，每过一个堵一个。管理灵渠有渠目一位，姓宿，代代相传，另有渠夫12名，由宿姓渠目聘请，分段看守陡门。所有堵水工具全由渠目筹办，每陡一套，平时存放在各段渠夫家里，官方每月发给口粮。下行船只由兴安出发，两天可至大溶江（泥期）。

灵渠上陡门的形态与中国东部大运河上常用的闸或陡门的形态有很大差异，这主要表现在门板上，而建筑的整体结构和基本原理大体相同。陡门或闸都是用巨型条石于渠道两侧砌筑两个墩台，墩台的形状灵渠上以圆形居多，东部运河上则主要是梯形；都是在墩台相对两个立面上开有石槽以安置闸板，不同的是灵渠上大多是每个墩上部和下部各开一个方口，运河上的闸墩则是开一条上下贯通、宽窄相同的槽，以放置叠梁门板。灵渠陡门的门板与我国古代闸工常用的叠梁木闸门不同，操作方式也完全不同。其闭陡时，先用几根木杠交叉支撑于墩台的凹口上，然后依次将竹片编成的"水并"和密实的"陡簟"铺贴在木杠架构的迎水面，渠水受陡簟的壅阻逐渐蓄高，到一定水深之后船只即可航行。船过陡时，将木杠从墩台上撬开，在水压力下，拦水的这些器具全部被冲开，原集中的水位差变成有一定水深的连续水面，船只便趁此上下通过（见图4-4、图4-5）。《徐霞客游记》中记载："出（兴安）城西三里抵三里桥，桥跨灵渠上。渠至此细流成涓，石底嶙峋。时巨舫鳞次，以箔阻水，俟水稍厚，则去箔放舟。"讲的就是这

图4-4　灵渠陡门示意图

个过程。这种闸板形式及启闭方式，相对叠梁闸来说成本低廉且操作方便，节省船只通过的时间，而且设备的更新也很简单。

但陡门的运用毕竟还是需要日常操作和设备维护的，密集的陡门对船只航行不利，而且限于河宽和地质等条件，不是所有位置都适合建陡门。因此，

图 4-5　竹枝堰工程示意图

作为陡门的补充，灵渠上还修建了许多堰坝，在行船条件不好而又不适合建陡门的河段来控导水流。堰坝主要应用在南渠清水河口以下的自然河段，针对这段河道浅滩、礁石较多、情况复杂多变的特点，可以根据需要灵活布置的堰坝比陡门更能发挥作用。

1938 年《灵渠勘测报告》对当时陡门的存在状况作了描述，详见表 4-1。

表 4-1　　　　　　　　　陡门调查表

名称	自南陡下行之千米里程	说明	附注
南陡	000	陡为两半圆形之青石墩座，陡底为卵石、砂砾石，左浅右深。右半陡整好，左半陡边石稍有崩塌，陡口水流靠右较急	此陡为灵渠入口，船行过此口，不堵水

名称	自南陡下行之千米里程	说明	附注
大湾陡	3.10	陡为青条石砌筑，作两半圆形，底用块石砌。陡身整好，陡口在中，常水未时水流尚和缓	自南陡至此，有泄水天平一道，以调节灵渠过盛之水
祖海陡	3.50	同上	陡之下游有礁石两处，如二小石堰。溜急，颇危险，宜炸除之。陡左有铁路蓄水池及引水沟
太平陡	3.80	民国二十七年，广西省政府疏浚灵渠工程处所毁	该段水浅流急，据船家称非修复不可，否则须以临时竹篾堰三道代之
铁炉陡	4.0	同上	
和尚陡	4.20	陡为两个圆角方形之座墩，略向渠心倾斜，亦青条石砌成，陡底为礁石，右半陡裂有大缝，左半陡边石已塌下，陡口水流颇急	
三里陡	4.36	陡为两个半椭圆之青石座墩，陡底为礁石，陡身完整，水流颇急	
印陡	4.50	陡座为两个半圆形之青石墩，下基为礁石而用块石砌平者，陡身完整。在中常水位，水流缓和	
大路陡	5.31	陡之右墩作半圆形，左墩作月牙形。在渠中间，底为礁石，在墩边口石陷下崩塌，在墩下角亦陷，上角被水冲坏，均裂缝，水颇急	附近有暗礁，宜炸除之，陡亦须灌浆修理
军嘉陡	5.97	陡两墩均圆角方形，陡底为礁石凿平，右墩有下陷势，左边已崩漏，陡口水流甚急	

名称	自南陡下行之千米里程	说明	附注
霞云陡	6.04	右半陡作圆角方形，有裂缝，左为半圆形，完好。陡底为礁石质不平，水颇急	
黄泥陡	6.36	右墩圆角方形，左墩如半椭圆形，向下游突出渠中，陡下为礁石，尚完整，唯左墩中部稍下陷，水流颇急	
沙泥陡	6.58	陡为两个圆角方形石墩，陡基为礁石，左墩边石有裂缝，下角崩陷，右墩边口上角亦冲坏	
门限陡	6.88	陡为两梯形座墩，其下亦为礁石，左陡身上崩塌，右陡上角被冲坏，身上亦崩塌，有下陷势，陡口流势甚急	
十四陡	7.04	陡之左墩为梯形，右墩为半圆形，陡基在礁石上，完好无损，水流西和缓	
十五陡	7.27	陡作两个半长弧形之青石座墩，左部完整，右部上角崩塌，下角向内陷成坑，水流不甚急，陡基亦在礁石上	
十六陡	7.73	陡为两个圆角方形石墩，底为礁石，靠右兼用大块石砌平，左部完整，右部身上崩塌，陡口水流甚急	
虾蟆陡	8.31	陡之右部作半圆形，左部圆角方形，底部为礁石，左下角被水冲坏，右完好，水颇急	
新陡	8.50	陡墩座为两个半圆形，右边口上裂缝，将崩陷，左边上角被水冲坏，陡基在礁石上，水流尚缓和	

灵渠

亦通舟楫亦溉田

名称	自南陡下行之千米里程	说明	附注
牛路陡（晒亮陡）	8.75	陡作两蚌形，陡底为礁石而用大块石砌平。左中部石已下陷，下角崩塌，右下角有崩陷势，水流尚缓和	
林山陡	9.60	陡作两半圆形，陡底为礁石凿平，亦用块石砌。右陡上角身上崩陷；左陡因上角有孔透水，涨水时，水由孔灌入，致又将下角冲坏。陡口水流甚急	
星桥陡（新桥陡）	10.50	陡为两圆角方形之石座基于礁石上，陡身为灵渠中所有各陡中最完美者。陡口流势在中水位，尚不甚急	此陡建筑甚坚固，较其他陡门高一米
竹头陡（即灵前陡）	11.52	陡为两半圆形之石墩，右部建有长方形滚水坝一道，陡底全用块石砌成，左半陡受水之冲刷，身上崩塌，滚水坝亦裂大缝	在东江合口之下，因每值山洪暴溢，水势凶猛，直至陡门，漫过滚水堤
青石陡	13.06	陡左墩为半圆形，右部如一把镰刀，其把柄为滚水坝，刀头为陡座，陡底为石质，用块石砌平，右陡上部及左陡下部均崩坏，滚水坝尚完整	在洋龙堤以下之人工河内，在北江入口之后
小陡	13.64	此处水流甚急，陡为两半圆形座墩，下全为礁石，左右两部均已损坏	
大陡	13.85	陡之右墩为月牙形，与石驳岸相连；左墩作蚌壳形，位于渠中，其上端接滚水坝，右上边口石崩塌，石岸亦陷；左部则完整，唯滚水坝有裂缝	
牯牛陡	14.79	陡右墩为半圆形，左成折扇形，后下角连有滚水坝，下为礁石质。左半陡中部下陷，有裂缝；右半陡中部已冲坏；滚水坝则尚完整	

第四章 灵渠灌溉工程体系

名称	自南陡下行之千米里程	说明	附注
鸾塘陡	17.60	已改陡为堰（民国六年）	改堰时船帮与村民曾涉讼，经二年而未决，乃置之为堰
华石陡		已废无迹，据调查，约在 17+700 前后，唯该处航行尚无困难。	
牛角陡	19.02	已塌废。右边仅余大块石堆于渠中，左半陡及滚水坝均崩塌，仅留其轮廓，陡底为礁石，水流甚急	

　　堰坝是古代人们所创造，出现较早，用途也广，不只局限于航运，还有堰水灌溉等作用。灵渠的南渠在星桥陡以上，即人工及半人工运河部分，影响航行的主要因素是缺水，因此，建造了二十余个陡来调节水量，以解决这个问题。星桥陡以下，即天然河道部分，中常流量已超过 30 立方米每秒，水量不足已不是主要矛盾，但大多数河道多浅滩、礁石，水流湍急和散漫。航道多在浅滩上，水深减小，滩下游则水势澎湃，航行偶一不慎，即致倾覆。上行过滩时，又必须曳引。暗礁附近，水流也甚湍急，使航行安全受到威胁。为改善这种状况，如在这里再大量建陡，不管在工程量和功用上都不合适，于是人们又利用了堰坝这种建筑物。堰坝的建筑，不仅有利于航运，还给两岸的农田灌溉提供了方便条件，甚至有的堰坝首先就是考虑灌溉的功用。

　　堰坝一般都用大木做成长方形框架，横断河道的水流散漫，水深小的河段上，在深泓处设置堰门。木框架两面用长木桩密排深钉，框架内堆砌大卵石或大块石，就是现代所采用的木笼结构。

一般尺寸为高1米余，宽3~4米，顶面可以溢流。还有的不用木笼，而用竹篓装石块放入江中，再用长木桩排列竹篓两边，密密钉固。堰门是为船只通过而设，用大松木桩四根分别竖在门两侧，每边的两条又用横方串联，固定在石笼框架上，作为门框。堰门宽4~5米，用直径0.3米，长5~6米的大松木枋作叠梁。关堰时，船工须跳下河去，把它逐根放在堰口上，将口门封闭。开堰时，又须逐条搬开，方法十分笨拙。丰水季节，船过堰门，不用关闭蓄水。枯水季节过堰，也要像塞陡一样关闭堰门，蓄水抬高水位，然后拆去叠梁才能过船。

堰坝的另一项功用是灌溉，有两种方式：一是被堰坝抬高的水位直接壅水入灌溉渠道，自流灌溉；一种是利用入渠水的流速推动筒车，提水灌溉，灵渠中这样的筒车多时将近200架。

过去，研究和描绘灵渠的文章、著作不少，但在叙述和分析中，一般都偏重于大小天平、铧嘴和陡，而谈及堰坝的却极少，显然这是不全面的。堰坝对航运和灌溉都有十分显著的效益，而且有悠久的历史，它似与陡为同根所生，只是在不同特点的河道上的不同结构形式而已。唐代李渤初建陡门时就是"杂束筱为堰，间散木为门"。后来鱼孟威改进陡门时是"悉用坚木为门"，与近代所见堰坝有共同之处。就是在这早期陡门的基础上，在不同的河段上分别发展为陡和堰坝。清雍正年间，鄂尔泰修灵渠，在通航建筑物中，"为陡门者十有八，为堰蓄水者三十有七"，二者区别十分清楚。

下面是1938年《灵渠勘测报告》所列堰坝调查情况：

"灵渠除陡门之因地位或崩塌者有碍航行外，其下段坝堰浅滩礁石等对于行船亦殊多不利。惟坝堰为沿渠农田之灌溉及节流、堵水之用，似未便全废，总计在下端22.4千米内，共有堰坝31道之多，其亟待整理改良者，绘具滩险调查表。"（详见表4-2）。

表 4-2　　　　　　　　　　坝堰调查情况

名称	自南陡起下行之千米里程	建造年份	建造村名	造价/元	受益田亩粮食产量	说明
赵家堰	10.80	乾隆二年	赵家村	1000	四百石①	建造颇佳，唯为行舟危险万分，每年维持费约三四十元，在低水时期，堰口以木板堵住，船随到随开
褚口堰	11.35	乾隆三年	朱家村	500余	二百石	
四架车堰（展口岩堰）	11.77		鹿口岩村	500余	二百石	堰身系块石铺砌而成。长四十余丈，宽三尺，高三尺，堰底系沙土质，设置水车四架，用以灌溉左岸田亩。堰口水流不甚急，堰身与流向约成四十五度角，行船无危险，堰下左右均有浅滩，于航行尚无大碍
黄家堰	12.83	道光年间	鹿口岩村	400	二百石	
青石堰	13.12	道光年间	鹿口岩村严关口村	300余	一百八十石	
刘家堰	13.55	道光年间	鹿口岩村	300余	百余石	
鸾塘堰	17.60	民国六年	鸾塘村江西坪村	5000余	千余石	此塘乃以陡门改造者

① 民国时期，一石约为60千克。

名称	自南陡起下行之千米里程	建造年份	建造村名	造价/元	受益田亩粮食产量	说明
上地塘平堰	18.26	乾隆年间	江西坪村	200余	二百余石	系木栅卵石堰。用六七分径之圆木桩两排，联以较细之横木，中填卵石，长约七十余米，宽一米半，高约一米，右岸有灌溉渠通金山、殿山山脚下，复入灵渠。堰下端设水车八架，堰口水甚急，与下地塘平堰堰口相对，行船无大碍，唯大水时，易被冲坏。每年须修理一二次，约三十余元
下地塘平堰	18.32	乾隆年间	留田村	200余	二百余石	长六十米，宽一米半，高约一米，设水车三架，堰下有草滩。其他与上地塘平堰相同
张家堰	18.55		张家村	200余	百余石	
柳树塘堰（曾家堰）	18.45		张家村	200余	百余石	
画眉堰	20.58		黄埔村画眉村	200余	二十余石	系木栅卵石堰。长六十米，宽一米，高亦一米，堰下为砂砾质，左岸有灌溉渠道至黄埔村，设水车，左岸两架，右岸四架。堰口水流颇急，流向偏左，船行无大危险。每年修理一次，每次需二三十元
三架车堰	20.90		江背村			已废

名称	自南陡起下行之千米里程	建造年份	建造村名	造价/元	受益田亩粮食产量	说明
大头堰（济公堰）	21.24		浜田村	300		
棒头堰（标滩堰）	22.88		季家村	10 余	二百石	
黑石坝（李家堰）	25.51		季家村玉笛村	400 余	三百余石	
新堰（四架车堰）	26.13	光绪二十年	黄埔村	200 余	二百五十石	系木栅卵石堰。长约一百二十米，宽二米，高一米，堰下为沙泥质，设水车两架，堰口流势甚急，流向偏右，堰下右方有一大浅滩，但于航行无碍，涨水时，堰身不致冲毁，但每年必须修理水道一次并将堰身加强，每次费用为三十元左右
马家堰	26.57	光绪二十年	大溶村	50	八百石	系木栅卵石堰。长二百米左右，宽一米半，高一米半。堰下为礁石沙泥质，设水车六架，堰口水流湍急，为全渠堰坝中最完整坚固而水头最高者。堰口下五十米处，有一卵石浅滩，似应挑浚之。此堰每年十二月间修理一次，约费一百余元。小水时，堰口以横木堵住，船随到随开

名称	自南陡起下行之千米里程	建造年份	建造村名	造价/元	受益田亩粮食产量	说明
粉皮塘堰	27.35	二百年前	车乡村大溶村	1500	四百余石	系木栅卵石堰。长约一百八十米，宽二米半，高三米，堰下为礁石砂石质，设水车三架。堰口流急，其流向正直堰左端，礁石突出水面，但于行船无碍。每年维持费约百余元。
老王毛坝	27.56	乾隆以前	车乡村大溶村	5000	一千二百石	
新王毛坝	27.73	光绪六年	王毛村	500	一百八十石	
大堰（子堰）	29.10	光绪三年	大溶村五车村莲塘村娘娘庙村		六百余石	
二堰（子堰）	29.21	二百年前	五车村	2500	二百六十石	
六工堰	29.31	乾隆年间	五车村	同上	二百余石	
石头堰（五架车堰）	29.36		五车村	3000	五百四十石	
矮子堰	29.51	乾隆年间	五车村	3500	六百石	
反水堰（陡堰）	29.63	光绪年间	五车村	1000余	七十石	

名称	自南陡起下行之千米里程	建造年份	建造村名	造价/元	受益田亩粮食产量	说明
马头堰	30.41	乾隆元年	倪家村（一甲村）	500	二百余石	
崖门堰（一甲堰）	30.57	乾隆二年	倪家村（一甲村）	400	三百余石	
兜堰（龙门滩堰）	31.06	乾隆年间	倪家村（一甲村）	500	同上	
冷水坝	31.57	嘉庆年间	倪家村（一甲村）	1500	四百石	

第三节　防洪工程设施

防洪安全是水利工程功能发挥的基本保障。灵渠主要防洪工程包括渠道险工段堤防、泄水天平和溢流堰。

一、渠堤

在灵渠建筑物中，称作"堤"的不一定就是通常所说的堤，例如，上述黄龙堤、回龙堤都是侧向溢流堰。当然，不溢流时也起堤的作用，而海阳堤则是护岸建筑物，这是历史的种种原因留下来的名称。称得上堤的实际只有一条，那就是南渠南陡至大湾陡间右岸的秦堤，全长3.1千米，堤顶最窄处只有7～8米，最宽处在兴安县城，有数百米之多，是一座横断面多变的长堤。堤高最大处达 5 米左右，下临湘江故道，上承灵渠，断面上相当于一道挡土墙，灵渠完全依托其上。堤高最小处在大湾陡前，只有几十厘米。

从南陡到飞来石一段是石堤，称社公堤，就是上面所说堤高最大的一段，又由于它的受力状况相当于一座挡土墙，所以工作条件很差。历史上这段堤防常被洪水冲破，堤破则渠亡，是整个工程最薄弱的环节，所以它一直是历代修筑的重点。兴安城区，灵渠两岸都做成石砌驳岸，右岸实为加阔了的秦堤。灵渠在接龙桥以下，流行在土山坡脚与高程较低的田地之间，左岸为山坡，右岸为堤，渠比田高，堤起着约拦渠水的作用，堤虽只有几十厘米，但没有堤，渠也就不存在了。渠高田低，为灌溉提供了方便条件。

除此之外，灵渠上的石堤还有以下两处，即严关村口和黄龙堤上下的石砌岸。它们只是部分地段的防护建筑物，重要性显然要比秦堤小得多。

灵渠南渠的堤岸因修于秦代而统称秦堤，狭义的秦堤则指灵渠南陡以下至县城水街这一段长 1700 米的渠堤。最窄处不足 4 米，最宽处也不过 30 米。两侧以长条石砌筑，中间填土夯实，十分牢固，是一条抵御洪水的坚实堤坝。尤其是自飞来石至泄水天平一段，高出湘江故道 5 米左右，雄立于湘江故道与灵渠之间，远远望去，犹如一段石砌的长城，煞是威武雄壮。堤上绿树掩映，堤边渠水悠悠，沿途亭台点缀，环境幽雅，空气清新，自古就是休闲漫步、亲近自然的好去处。明人严震直的诗句"桃花满路落红雨，杨柳夹堤生翠烟"和柳亚子的"十里秦堤迤逦行"就是秦堤的真实写照。

秦堤是南渠上代表性的防洪堤，全长 3.25 千米（见图 4-6）。秦堤的存亡直接关系灵渠的存亡，历史上其修建维护备受重视。从泄水天平至接龙桥段，长 1.71 千米，这段堤经过兴安县城，渠

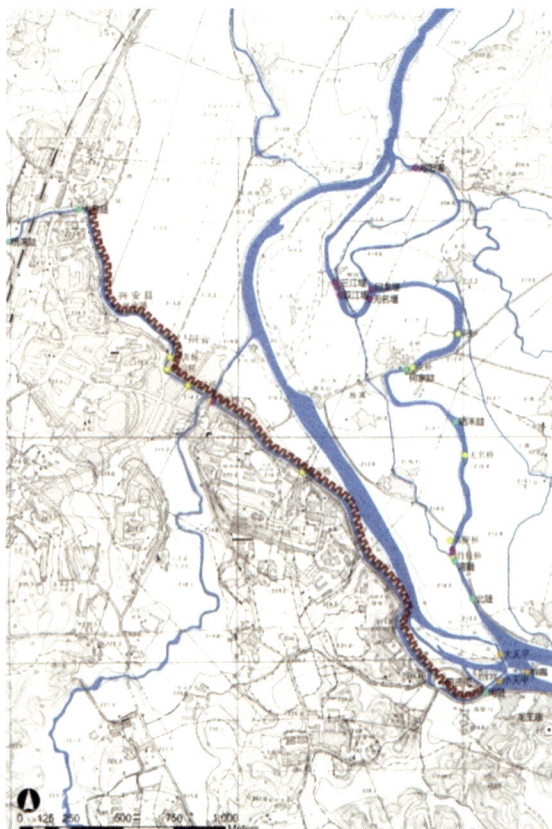

图 4-6　秦堤工程示意图

道两岸已建成街道，渠道两侧用条石护岸。从接龙桥至大湾陡，全长 0.9 千米，这段渠道南临山脚，北依稻田，渠水比稻田高。堤高仅 1.0 米，顶宽 1.6 米。这片农田被称渠田垌，秦堤兼有保障农田防洪安全的功能。

二、泄水天平和溢流堰

泄水天平和溢流堰是修建在渠道沿途外侧的一道自动控制水位的设施，它有排泄洪水、保持渠道内正常水位，以确保渠堤安全的功能。它的建筑方法和形态与大小天平基本相同，故称泄水天平（图4-7）。灵渠中共有泄水天平和溢流堰5处，其中南渠3处，北渠2处。

图 4-7　泄水天平工程结构示意图

南渠第一处泄水天平位于南陡以下 892 米处的秦堤上。溢流面长 40 米、渠口宽 17.8 米、堰顶宽 5 米，渠堤采用大条石砌筑。内坡垂直，堰顶距渠底高 1.5 米，堰顶上有石墩，架有长条形大青石板供人群通行。外坡采用片石直竖砌筑成鱼鳞形溢流面。在洪水时期，渠道上游来水量使渠水暴涨，渠槽无法容纳，这样洪水便漫过泄水天平排至湘江故道，以保渠堤安全和渠道水位正常运转。

三、马嘶桥泄水天平

南渠第二处泄水天平位于南陡以下 1953 米，渠水与双女井溪相交处，又称马嘶桥泄水天平，距第一处泄水天平仅 1061 米。这处泄水天平位于兴安县城内，是利用双女井溪的河道改建而成的一道溢流堰，顶宽 4 米，用大条石砌筑，堰顶至渠底高 1.5 米，内坡垂直，用条石砌筑，外坡用条石砌成 5 级阶梯，溢流面长 19.5 米、河槽宽 7 米。1949 年后，在渠内侧修闸墩 2 个，安装 3 扇钢筋混凝土闸板，采用手、电两用启闭机开关闸门。闸门外侧，堰顶上有三个石墩，清代修筑时，曾架有人行石板桥，1949 年后改建为钢筋混凝土桥，可通行机动车辆。又在渠道底修建暗涵，洪水时，可通过暗涵将双女井溪的洪水排入湘江故道；枯水期，它可将双女井溪水量用闸门完全拦断，流入南渠。这是南渠第二道水位自动控制设施。

在南渠过泄水天平下行 1.3 千米，即在桩号 2+300 处，左岸双女井溪汇入，该溪流只长 5 千米，平时流量甚微，但汛期最大流量可达 2 立方米每秒。当南渠未开凿时，双女井溪水直接注入湘江，是一个小支流。南渠与双女井溪相交，必须于右岸垒石筑坝堵塞溪水，否则溪水按原出路流出，南渠水也将随之同泄，灵渠则也不存在。但如果只堵不泄，将加大汇流后渠道内的流量，如超过下游的泄水能力，将使右堤漫决，下游的兴安县城将蒙受泛滥之灾。所以把堵筑的堤防做成溢流堰，这就是马嘶桥溢流堰。枯水时汇流济运，洪水时分泄余水，一举而两得。

马嘶桥溢流堰实际上也是秦堤上的一座泄水天平（见图 4-8），形制与泄水天平一样，只是堰上设桥规模比较大，称为马嘶桥，是兴安沿秦堤去分水塘的必经之路。堰长 19.5 米，桥面宽 2 米，桥面距堰顶高 1.2 米。天平顶宽 4 米，内近直坡，外坡阶梯形共五级，高 1.5 米，左右有翼墙。清乾隆五年（公元 1740 年），曾在

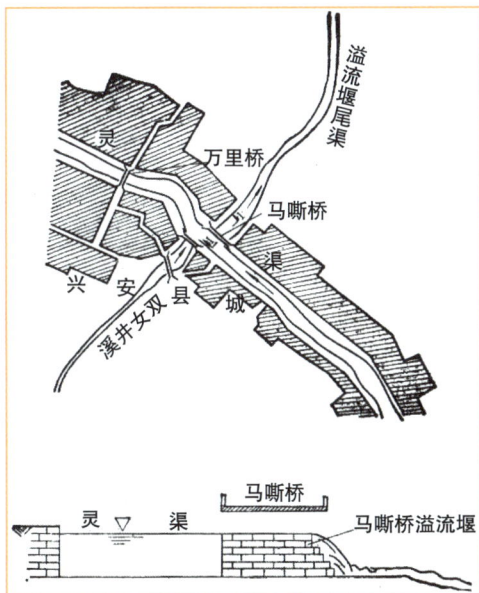

图 4-8　马嘶桥溢流堰图

这里设陡，以蓄水济运，成为一个枯水时蓄水，洪水时排水的小型枢纽工程。现在，双女井溪成为兴安城区总排污沟。为防止灵渠水被污染，二者做成立交，灵渠在上，双女井溪在下，把污水直接排入湘江故道。

四、回龙堤

灵渠第三处泄水天平位于北渠北陡以下 2.33 千米处的水泊村西，又称回龙堤，为清代雍正八年（公元 1730 年）两广总督鄂尔泰所建。原来灵渠北段没有泄水天平，当湘江发生洪水时，进入北渠的洪水能排入湘江，但后来湘江河床逐渐淤高，致使此渠与湘江汇合渠底抬高，遇到较大洪水时，不仅不能顺利排洪，反而因湘江洪水倒灌入渠，波涛逆流而上，给北渠带来极大威胁。鄂尔泰维修时，新开挖了 243 米的排洪道，宽 10 米、深 5 米，以泄暴涨之洪水。回龙堤长 15 米，堤顶宽 4 米、高 2 米，堤顶低于渠堤。涨水时，由堤顶溢流，下泄洪水，通过新开挖排洪道，将洪水排入湘江。回龙堤是北渠的一道水位自动控制设施。

北渠下口入湘江，入口以上的湘江故道直冲渠口右岸，每当洪水来临，溢过大小天平，沿故道奔腾而下，洪水流量与流速都大过北渠数倍，如无防护措施，渠口势必被冲毁，此后的航运将陷入瘫痪。清雍正年间，在渠口右岸故道泄洪大溜顶冲的湘江岸上修筑了一座规模宏大的海阳堤（俗称大堤），虽然名为堤，实际是一项大型护岸工程。因为它与作为溢流堰的回龙堤联合运用，是一个整体。显然，它的作用是防御洪水冲击，导水入湘江下游，以保护北渠入口。由湘江故道下泄的洪水，到海阳堤时，水位与流速都较北渠高得多，必然顶托北渠来水，使之宣泄不畅，使渠内水位提高并沿渠上溯，可能产生泛溢，必须设法解决。于是在海阳堤上游北渠右岸"又开支河长七十二丈，阔三丈，深得阔之半，以泻暴涨"。回龙堤（俗称小堤）就建在这条渠道的上口，结构大约与泄水天平同，只是坝顶平砌而无鱼鳞石。为适应平时引水灌田，便在堤上留一方孔，称作"水涵"，引渠水入灌溉渠道。回龙堤顶高略低于渠岸，涨水时，全坝顶溢流，下泄水流仍归湘江。这样，它就成为平时作为堤防，旱时灌溉，汛期排洪的多种用途的水利设施。

五、黄龙堤

除了泄水天平之外，灵渠南、北二渠还分别设有 1 处溢流堰。其中，南渠 12.42 千米处有溢流堰，叫黄龙堤，用大条石砌成，顶宽 3.5 米，内坡垂直，外坡宽 4.7～5.3 米，堰长 87.6 米。

黄龙堤处于南渠两个相反的曲线吻接处。未开渠前，渠道不经下一个反弯，而是直接从这里向西。因为这里坡度大，水由此而下，流浅而急，不利行船。因而筑堤把河的故道堵住，拦截河水从新开的渠道，翻转一个大的弯道，由北流而转东，再转西北，再转向南，汇入原渠道，新道的长度约为原道的五倍多，减缓了坡度，平稳了水流，航行条件得到了改善。

黄龙堤由大条石砌成，内为直岸，从左至右在 77.5 米处，堤向下游稍转弯，顶宽缩为 2.8 米，坡宽约 12.5 米，坡度约为 1：10。坝两端连筑石堤岸，下端堤长 25.5 米，上端堤长 48.8 米。低水位时，黄龙堤作为顺水堤，将水流导入下游弯曲的航道中，下面还有青石陡、小陡和大陡三座陡门在弯道中蓄水济运。高水位时，超过堤顶的余水将溢出灵渠沿故道下泄，保护下游航道和陡门（图 4-9）。

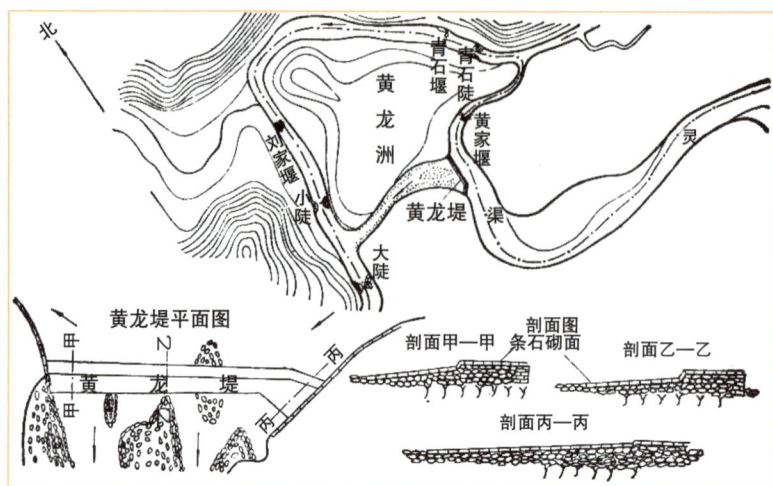

图 4-9　黄龙堤附近平面及工程结构图

六、竹枝堰

竹枝堰位于北渠北陡之下 700 米处，堰长 15 米，宽约 8 米，在总体布置上与黄龙堤相似。这座堰因其上架观音阁桥，也称观音阁溢流堰。堰上游为北渠，逆行则通北陡、大天平；渠水在堰前左转，再向右转，共 180° 与堰下排洪道汇合，再左转，形成一个曲率较大的环形。竹枝堰中间是一座土丘，观音阁就坐落在土丘之上，《徐霞客游记》中对此有详细的描写。阁北有一座虹桥，上通行人，下通舟楫；阁南，在竹枝堰上架平桥一座，以走行人，其形与马嘶桥溢流堰相似。枯水季节，北渠来水被导入向左的弯道，弯道中还有一座叫弯陡的陡门，节水济运；洪水季节，水位超过堰顶，余水就从堰上桥下泄出，以保护这个 180° 弯曲的航道，很显然，北渠这个急剧的弯曲，是为缓和渠道的坡度而设，并且有弯陡蓄水，改善过船条件。这里上距北陡只有 700 米的路程，北来船只过分水塘，需在此停泊等候，观音阁就成为候船人的观赏场所。

表 4-3 为 1938 年《灵渠勘测报告》提供的灵渠上溢流堰存在的情况表。

表 4-3 天平情况说明

名称	自南陡以下之千米里程	说明	附注
泄水天平	0.85	为大条石砌成之滚水坝。内坡垂直，因渠底淤高，其下基不详。坝上设石座，架木板作便桥，坝外坡用大片石纵横立砌，坡度约为一比五，其下有两大淤积之沙滩，于堵水无甚妨碍。天平长 41.0 米，顶上级宽 2.6 米，下级宽 3.1 米，坡宽 14.3 米，两边翼墙高 2.4 米。当中常水位时，其上不过水，唯年久失修，透水甚多，宜灌浆修理之	
马嘶桥（即马石桥）	1.94	上为石桥，下为天平，均系大条石砌成。长凡 19.5 米，桥面宽 2.0 米，桥面距天平顶高 1.2 米，天平顶宽 4.0 米，内为直坡，为渠底泥沙盖住，基础不能见，外坡石级凡五，高约 1.5 米，左右翼墙内高 1.1 米，外高 2.3 米，桥共分九孔，自右至左第七孔下天平之石面已于去年为广西省政府疏浚灵渠工程处拆毁而未修复，在中常水位，泄一部分渠水入湘江故道	民国九年夏，渠水暴涨，更以迎面之双女井水猛泄直冲致桥梁冲塌，水蔓延岸上，深一米许，桥旁之塔亦被冲倒，桥于翌年始修复
黄龙堤	12.73	大条石砌成，低水时为堤，大水时为滚水坝。顶宽约 3.5 米，内为直岸，外坡宽约 4.7 米至 5.3 米，共长 87.6 米。自右至左，在 77.5 米天平向下时稍弯转，顶宽缩为 2.8 米，坡宽约为 14.5 米，坡之倾斜约为一比十。坝之两端连筑石堤岸，下端堤长 25.5 米，上端堤长 48.8 米，在天平中部堆有砂石，颇有碍泄水。坝顶石块略偏下倾陷，上端石堤已略冲坏，坝后泄水道为旧水道，坡降至大。然据船家云：在最大水时期，下行船亦可越坝顶而循旧道航行	

第四节　自流与提水灌溉工程体系

灵渠的灌溉主要有自流和提水两种方式。

一、自流灌溉引水

修渠堤上的水涵就是灵渠自流灌溉的引水口，明初修建的 24 处水涵，现在还有 2 处仍在使用,7 处保存遗址。水涵又叫田涵、渠眼，俗称塘孔，就是渠堤上块石砌筑的分水兼排水涵洞。古人对其作用有清楚的描述："十涵在县东灵渠，内虑水潦啮堤为患，开置十涵以分水势，灌田始便。"就是在丰水季节分泄洪水，以保堤防安全；枯水季节放水灌溉沿岸农田。历史上，这种水涵数目的变化很大，最早见于文献记载的是明初严震直修渠时有 24 个。清代记载已只有 10 个了。据现在调查，南渠大湾陡以上还有 7 处，北渠 2 处。在一些渠段建有堰坝来壅高水位、控导水流，一方面能够蓄引渠水自流或提水灌溉，同时还留有船只通行的堰门。随着近代灵渠水运功能的消失，这些堰坝也成为完全的灌溉工程。就是利用渠堤上的涵洞以及渠堤外的支渠、农毛渠，把灵渠水直接引入附近的田垌里。需要用水时，只要扒开田坝口子，水就可以自动流入稻田，无须借助任何提水工具。这种灌溉方式应当早从灵渠开凿初始就已存在，开始可能是无意识的，只是承受堤内漏下的余水和泄水天平排出来多余的水，随后则有意识地在渠堤上留出渠眼、涵洞和在渠中修筑堰坝、引渠水进入支渠和农毛渠。

最早记录灵渠灌溉涵洞的是明代第二次修治灵渠的时候。洪武二十八年（公元 1395 年），由监察御史严震直主持，"筑其堤岸长百余丈，高五尺有奇，上下砌以巨石，中门二涵，以泄余流。次修中江石堤近土岸当潦涨之冲，乃高之以杀水势。增筑龙母祠前土堤五十丈许，浚河渠五千余丈。改筑滑石陡，凡渠石碍舟者，则焚而凿之。修白云、攀桂桥及灌田水涵二十有四"。据唐兆民先生调查，明代修筑的涵洞，主要分布在南陡口至大湾陡一带的秦堤上和北渠自分水塘至水泊村一带。至今还能找出其确切位置的尚有 10 处之多，包括南渠 7 处和北渠 3 处。南渠 7 处即由泄水天平至粟家桥一段秦堤上有 3 处，这 3 处涵洞引出农毛渠，灌溉县城上水门一带的稻田；由接龙桥至大湾陡一段渠堤上的 4 处涵洞则引出 4 条较大的渠沟，灌溉县城北郊渠田垌的大片稻田。北渠 3 处，一处在分水塘村旁，一处在湾陡下，一处在水泊村旁回龙堤上。这 3 处涵洞分别引水进入渠沟，灌溉分水塘、黄村头、打鱼村、花桥、水泊村等一带的稻田，这些涵洞引出来的水都是自动流入稻田的，无须借助于提升机械。由于这些涵洞引水自流灌溉的作用，使兴安县城北郊和东郊沿湘江东西两岸的两片很大的冲积平原自古以来就成为十分富庶的稻田区，人们长期习惯于把北郊的稻田区叫作"渠田垌"，就是因为有灵渠灌溉效益的缘故。

　　灵渠为了积水通舟，沿渠道分段设有陡闸（船闸），这种陡闸既分段提高水位，以利舟船梯山航岭，自然也就有利于导水灌田。因而，临近陡闸上游多附有泄水兼灌溉功能的涵洞，这些涵洞溢出的水导入渠沟，也灌溉着周围的田地。此外，在河面较宽的渠道中还专门修筑拦河蓄水、引流入沟的堰坝。南渠自赵家堰以下共有 32 座堰坝，堰坝的结构，一般是用大木料钉成长方形框架，横置渠中，一个接一个，像一列火车的车皮，两边再用长木桩密排深钉，框架里填塞鹅卵石，砌成高约 1 米，宽 3~4 米的斜面滚水堤坝，较简单的堰坝则不用木框架，而是用毛竹编织成高50~60厘米，长4~5米的竹篓，中间填装鹅卵石，横置于渠中，再用长木桩密排钉牢。堰坝上开有堰门，以便船舶通行，船行过后，将堰门堵塞，导水入沟，灌溉稻田，今称此类堰坝为木桩卵石坝，这类水工建筑物一直延续至今。如今在兴建此类堰坝时，只是在堰前增设一道混凝土防渗墙，堰顶溢流面浇筑一层混凝土护面，增加坝体稳定性和防渗能力，中间设船闸（堰门）或称伐道（竹木通行用）。修建在河滩上的这种堰坝的优点是：取材容易，工程量又不大，当地群众积累了丰富的施工经验。而且，由于工程造价较低，即使被洪水冲毁，来年恢复重建也比较容易。

二、提水灌溉引水

在渠低田高的地方，则普遍使用筒车、龙骨水车等设施提水灌溉。灵渠的提水灌溉起源于宋代，其主要提水工具有戽斗、龙骨车和筒车。

戽斗是一种单人操作的提水工具，其制作工序是将一根树木，截取约长80厘米至1米左右，将前部分凿成槽形，后部制成人能握住的手柄，槽壁两端各穿一小孔，用绳子穿于孔中。操作时，单人一手握住手柄，一手抓住穿孔绳索，人站立水中，一斗一斗地将水往上戽，这样将下渠（或下块田）的水往上提，使得地势高的田地得以灌溉。这种戽斗至今在农村还留存，主要是分段塞沟捉鱼和戽水浇田地用。

龙骨车是一种很古老的提水工具，灵渠沿岸所用的龙骨车有手摆和脚踏两种。龙骨车的车身是用杉木板钉成两端不封闭的长槽，槽中置刮水板，刮水板用杉木片制成，有正方形和长方形，正中凿方孔，楔入相当于活动链条的龙骨爪。车身两端装轮轴，轮轴带齿，可以旋转带动龙骨爪。尾端的轮辐较小，使用时浸入水中，首端的轮辐稍大，而且从车身向上昂起，使用时架于岸上。车身分上下两层，启动时，转动首轮，上层龙骨爪一节一节的活动链条往上带动刮水板向上移动，将水渠的水刮上来。水倒于上渠沟后，龙骨爪经首轮辐转至下层，连续上下层龙骨爪链转动，槽中上层刮水板由下往上送，到首端跌水后，空龙骨爪由活动链条往下移，这样循环转动，把下渠沟水经龙骨车身刮到上渠沟。

手摇龙骨车和脚踏龙骨车的区别仅在于车头（即首轮）。手摇龙骨车的车头两侧装曲柄摇把，一人或二人站立在车头前摇动曲柄，即可车水。这种龙骨车比较轻便，一人可以扛在肩上转移，放下架稳即可车水。缺点是使用时要弯腰驼背，费力而效率低，脚踏龙骨车当地人称之为踩车，形体较大，车头不装曲柄摇把，而是装一长轴，轴上交错横楔四条长柄踏板，架设脚踏龙骨车需要一个长方框架，框架有 4 根立柱，8 条横杠，车架前有扶手，后有靠背，中间横架一条木板供踩车者乘坐。踩动这种脚踏龙骨车一般需要 2 人，一左一右，并排坐在车架上，脚踏踏板，转动车轴，带水上岸。脚踏龙骨车的优点是使用时舒适省力，提水量大，其缺点是移动不方便。每当天旱季节，龙骨车就在灵渠两岸咿呀鸣唱，吸水入田，行灌溉之功。如果田太高，龙骨车还可以采取分级提水的办法，集中多架龙骨车，逐级将水往上送。龙骨车在灵渠两岸沿途村庄几乎户户都有，一直延续至中华人民共和国成立后的 20 世纪 50 年代。从 60 年代起，农村逐渐采用柴油抽水机或电动抽水机提水，取代了龙骨车提水灌溉，这种悠久的取水灌溉方式逐渐从人们的视线中消失了。

筒车是利用水能机械自动提水的工具，在灵渠也有着悠久的历史。由于它既省力，又能持续把水一次次提高到好几米甚至十几米的高度，其功效远胜于龙骨车，所以在农业灌溉中也被广泛使用。但筒车必须安装在有流水冲击的地方，这一点倒不如龙骨车来得灵活。

灵渠有筒车的历史，至少可以上溯到宋代。据记载，南宋乾道年间诗人张孝祥写的《过兴安呈张仲钦》一诗中就有这样的描述："筒车无停轮，木枧着高格。粳稌接新润，草木丐余泽。府公为霖手，号令行顷刻。愿持一勺水，敬往寿南伯。"这里写的就是兴安筒车忙碌的景象。灵渠两岸的筒车是由竹木合构而成的，主体是一个大型立轮，立轮的轮轴是一根大木头，两端凿以榫眼，榫眼内插入圆竹辐条，辐条相向交叉，另一头用竹条编成轮廓，倾斜装置成用竹篾编织的挡水板，每块挡水板的外缘捆扎一条长竹筒。竹筒用当地产的毛竹锯成，除最下一个竹节保留外，其余竹节全部打穿。立轮的大小由渠岸的高低及渠水深浅和水力大小而定。竹筒捆扎的倾斜度要求很严，一定要使其在轮轴转动时，竹筒没入水里，筒口刚好倾斜向上，能充分装水，而其转到高空时，筒口正好倾斜向下，将竹筒内的水全部倒出。倒出的水由一条横置的木枧承接，然后引入一条纵置的木枧流入渠岸，引进稻田。这种筒车也一直延续至今，现在它们有的在灵渠沿途作为旅游景点供游客参观，也有的仍然用来提水灌溉农田。

三、灌溉工程设施发展

据1938年扬子江水利委员会的调查统计，当时灵渠上自流灌溉渠道13条、堰坝31座、筒车205架，保灌面积8502亩（见表4-4），大体能够反映历史灌溉体系和规模。

随着近代灵渠水运功能的终结，1949年之后对灵渠灌溉体系进行了系统修复和扩建，灌溉效益大幅提升。目前直接自灵渠引水的灌溉支渠共计18条（北渠4条、南渠14条），总长129.7千米，总引水流量14立方米每秒，其中灌溉引水堰坝7座、水涵2处、引水闸9座，南渠上还保留水轮泵站9座。

表4-4　　　　　　　　1938年扬子江水利委员会南渠堰坝灌溉调查情况

名称	桩号千米里程	年代	所在村庄	受益田亩粮食产量	说明
赵家堰	10.80	乾隆二年	赵家村	四百石	建造颇佳，唯行舟危险万分，每年维持费约三四十元，在低水时期，堰口以木板堵住，船随到随开
褙口堰	11.35	乾隆三年	朱家村	二百石	同上
四架车堰（展口岩堰）	11.77		鹿口岩村	二百石	堰身系块石铺砌而成。长四十余丈，宽三尺，高三尺，堰底系沙土质，设置水车四架，用以灌溉左岸田亩。堰口水流不甚急，堰身与流向约成四十五度角，行船无危险，堰下左右均有浅滩，于航行尚无大碍
黄家堰	12.83	道光年间	鹿口岩村	二百石	堰身用大卵石堆筑，上、下水位相差约三公寸，低水位时期，堰口堵住节水，没水车灌溉，船口随到随开，每年维持费约三四十元
青石堰	13.12	道光年间	鹿口岩村严关口村	一百八十石	同上
刘家堰	13.55	道光年间	鹿口岩村	百余石	同上
鸢塘堰	17.60	民国六年	鸢塘村江西坪村	千余石	此塘乃以陡门改造者

名称	桩号千米里程	年代	所在村庄	受益田亩粮食产量	说明
上地塘平堰	18.26	乾隆年间	江西坪村	二百余石	系木栅卵石堰。用六七分分径之圆木桩两排，联以较细之横木，中填卵石，长约七十余米，宽一米半，高约一米，右岸有灌溉渠通金山、殿山山脚下，复入灵渠。堰下端设水车八架，堰口水甚急，与下地塘平堰堰口相对，行船无大碍，唯大水时易被冲坏。每年须修理一至二次，约三十余元
下地塘平堰	18.32	乾隆年间	留田村	同上	长六十米，宽一米半，高约一米，设水车三架，堰下有草滩。其他与上地塘平堰相同
张家堰	18.55		张家村	百余石	系细木圆桩，钉成一排，其上堆以卵石，每涨水时，即被冲坏，低水期，以木板堵住堰口，船随到随开
柳村塘堰（曾家堰）	18.45		张家村	百余石	同上
画眉堰	20.58		黄埔村画眉村	二十余石	系木栅卵石堰。长六十米，宽一米，高亦一米，堰下为砂砾质，左岸有灌溉渠道至黄埔村，设水车，左岸两架，右岸四架。堰口水流颇急，流向偏左，船行无大危险。每年修理一次，每次须二三十元
三架车堰	20.90		江背村		已废
大头堰（济公堰）	21.24		浜田村		
棒头堰（标滩堰）	22.88		季家村	二百石	

名称	桩号千米里程	年代	所在村庄	受益田亩粮食产量	说明
黑石坝（李家堰）	25.51		季家村玉笛村	三百余石	系天然石筑成，加设间木桩及块石，使坝顶高堰口，水流端急，堰上下游均有石桩礁相接成层，连亘达六百公尺左右，水流受约束而比降大，水浪激荡翻腾，船只上下至为危险，时有肇祸
新堰（四架车堰）	26.13	光绪二十年	黄埔村	二百五十石	系木栅卵石堰。长约一百二十米，宽二米，高一米，堰下为沙泥质，设水车两架，堰口流势甚急，流向偏右，堰下右方有一大浅滩，但于航行无碍，涨水时，堰身不致冲毁，当年必须修理水道一次并将堰身加强，每次费用为三十元左右
马家堰	26.57	光绪二十年	大溶村	八百石	系木栅卵石堰。长二百米左右，宽一米半，高一米。堰下为礁石水泥质，设水车六架，堰口水流湍急，为全渠堰坝中最完整坚固而水头最高者。堰口下五十米处，有一卵石浅滩，似应挑浚之。此堰第年十二月间修理一次，约费一百余元。小水时，堰口以横木堵住，船随到随开
粉皮塘堰	27.35	二百年前	车乡村大溶村	四百余石	系木栅卵石堰。长约一百八十米，宽二米半，高三米。堰下为礁石沙石质，设水车三架。堰口流急，其流向正直堰左端，礁石突出水面，但于行船无碍，每年维持费约百余元

名称	桩号千米里程	年代	所在村庄	受益田亩粮食产量	说明
老王毛坝	27.56	乾隆以前	车乡村大溶村	一千二百石	老王毛坝口宽四公尺半，新王毛坝口四公尺尚太窄，上下坝水位突降甚大，致坝口流势太急，其间有一卵石滩，流向不正，行船颇危险，二坝均有水车灌田，由乡民自建，每年维持费百余元，老王毛坝上下水面差六公寸
新王毛坝	27.73	光绪六年	王毛村	一百八十石	同上
大堰（子堰）	29.10	光绪三年	大溶村五车村莲塘村娘娘庙村	六百余石	系木栅卵石堰，共有水车六架，各堰在低水时期，多用木板将堰口堵住，每数日开启一次，船只不能随到随开。各堰均设水车灌溉田亩之用，为乡民集资，合一村或数村之人力财力建筑，每年均维修
二堰（子堰）	29.21	二百年前	五车村	二百六十石	同上
六工堰	29.31	乾隆年间	五车村	二百余石	同上
石头堰（五架车堰）	29.36		五车村	五百四十石	同上
矮子堰	29.51	乾隆年间	五车村	六百石	同上
反水堰（陡堰）	29.63	光绪年间	五车村	七十石	同上
马头堰	30.41	乾隆元年	倪家村（一甲村）	二百余石	系木栅卵石堆筑，上下水位差半公尺，堰口宽约三公尺半，马头堰及冷水坝上下有礁石，航道曲折，船只易触礁搁浅。坝堰多为设水车而筑

名称	桩号千米里程	年代	所在村庄	受益田亩粮食产量	说明
崖门堰（一甲堰）	30.57	乾隆二年	倪家村（一甲村）	三百余石	同上
兜堰（龙门滩堰）	31.06	乾隆年间	倪家村（一甲村）	同上	同上
冷水坝	31.57	嘉庆年间	倪家村（一甲村）	四百石	同上

第五节　灌区发展

一、宋代之前

秦始皇开凿灵渠主要目的是为征服岭南、雄霸天下的战争军需运输服务的，但也为灵渠日后的灌溉功能打下了基础。秦汉至三国两晋南北朝时期，由于战争不断，军阀割据，岭南一带人烟稀少，人员往来亦较稀罕，灵渠的灌溉功能未见文字记载。唐朝开始着眼于利用渠水灌溉农田，促进了桂北地区农业生产。据清代郝浴《广西通志》记载：唐代宝历元年（公元 825 年）桂管观察使李渤修灵渠时，曾经"与渠旁民约，夜听溉田，昼听公私舟行"。自隋唐以来，南下的移民逐步增多，开垦的田地面积日益增多，因此，对水资源的需求量必然增加，灵渠的修治工程日益多样化。如修筑堰坝，以构筑拦河蓄水、引水入沟的灌溉设施。这类堰坝

有两种形式：一是用石块砌成半圆形的，与石砌陡门相似，这种堰坝没有引水沟，其用法是关堰时把渠水堵住，提高渠内水位，以便用水车提取渠水灌田；二是建在河面较宽的渠道中，其结构多是用巨木做成长方形框架，横放渠中，两边都用长木桩密排深钉，框架里则堆砌鹅卵巨石，砌成高约1米的斜面滚水坝。其中，有的比较简单，不用大木框架，堰坝上开有堰门，以便船舶来往。另外一种水利设施叫水涵，或称渠眼、塘孔，是在渠堤岸上凿的方孔，围砌石块，形成一个排水涵洞，水涨时可以排洪，水退时也可以引水入沟，灌溉农田。堰坝与水涵的主要用途就是服务于农田灌溉，发展农业生产。

二、两宋时期

两宋治下的300多年间，都重视农业生产，奖励开垦荒地，经常发布农田水利的诏令，要求各州县官吏务必劝农多种五谷，兴修水利。特别是在王安石变法期间，水利事业更是受到特别的推重，熙宁二年（公元1069年）开始实行的变法改革，在当年11月就发布了农田水利法令，积极推动农田的开垦和水利建设，桂北的地方官员也特别注意对灵渠的维修整治。另外，大量北方人口的迁入，也成为广西一些地方兴修水利，扩大耕作面积的重要推动力量。据资料记载，宋元丰三年（公元1080年），广西户数为24万户，到嘉定十六年（公元1223年），增为52万户。宋朝南迁前，广西人口总数为1055087人，南迁后增加到1341572人，增加了286485人。宋代李伯纪写的《道经容州》诗载："事归归未得，留滞绣江滨。感慨伤春望，侨居多北人。"这从一个侧面反映了"北人南迁"的真实历史状况。大量中原人民南移进入广西，带来了先进的生产经验和科学文化，对发展广西的农业生产起到了有力的促进作用。

在提倡变法及人口增多的背景下，桂北地区在兴修水利时把重点放在修治灵渠上，以进一步发挥这一古老水利设施的航运与灌溉效益。据清代乾隆年间的《兴安县志》记载：北宋李忠辅修渠，获得了"灌田甚多"的称道。《宋史·李浩传》说："旧有灵渠，通漕运及灌溉，岁久不治，命疏而通之，民赖其利。"南宋的李浩既注意灵渠的"通漕"，又注意灵渠的"灌溉"，通过对灵渠的疏通整治，使得灵渠仍然成为"民赖其利"的水利设施，焕发出新的活力，促进了桂北地区农业生产的长足发展。南宋周去非在其著作《岭外代答》中对之盛赞："静江民颇力于田，其耕也，先施人工踏犁，乃以牛平之"，这种农田耕作技术的改进与农业生产的发展，要求灌溉事业的密切配合，宋代重视灵渠的灌溉作用，是当时桂北一带农业生产发展形势的迫切需要。反过来，灌溉面积的扩大又增加了粮食生产的绝对产量，促进了灵渠沿岸农业生产的进一步发展。

三、元明时期

元代以后，在农业生产上实行休养生息的政策，颁发了《农桑辑要》，提出"招怀生民，安业力农"的政策。广西地方官吏也依此推行屯田和兴修水利工程的措施，当时的地方官吏乌古孙泽在至元二十九年（公元1292年）制定了《司规》三十二章，并亲自巡视各地，了解民间疾苦，兴利除弊，多有改革。他任内的主要功绩是开垦荒田，兴修水利。而在灵渠水利方面，元代继承了宋代对灵渠的管理制度，使灵渠继续畅通无阻，运输与灌溉亦正常运行，有"渠水绕迤兴安县，民田赖之"的记载。据黄佐《广西通志》叙述，元代至正十二年（公元1352年）夏季，一次大水袭击，造成"堤者圮（圯），陡者隤，渠已大湮，雍漕绝溉"，于是由岭南广西道肃政廉访副使也尔吉尼主持修治，"悉发近岁给禄秩钱伍千缗，付有司具木竹金石土谷，募工佣力"。也尔吉尼命静江路判官王惟让、宪使张文显主持灵渠的修治工作。由于官员重视，责任到人，资金到位，修复工程很快便完成，灵渠又重新发挥了它的水上运输和农田灌溉功能。

明代开始，利用灵渠水源灌溉的文献记载也逐渐增多。据《明太祖实录》记载，在明代初期就深知"为国之道，以足食为本……，若年谷丰登，衣食给足，则国富而民安。此为治之先务，立国之根本"。因此，政府便采取各种措施来安定社会，恢复生产，大兴屯田，移民垦荒，奖励耕种，兴修水利。为了确保灵渠通航和农田灌溉，明代对灵渠修治工程的记载就达6次之多。

四、清代

与前代相比，清代广西的农田灌溉比较发达。桂林是当时的省会，桂林府的农田水利灌溉水平为全广西之冠，主要以灵渠、漓江和相思埭为轴线，辅以湘江及支流，西南辅以永福江及其支流，南面辅以桂江及其支流，形成一个以运河和天然河道水源构成的灌溉网，再加上陂塘和地下水源，灌溉的规模和面积是相当大的。

清代时期灵渠的农田灌溉也有了很大的发展，为保障灵渠的水路运输和农田灌溉，根据唐兆民先生的《灵渠文献粹编》一书对历代修浚灵渠的统计，清代对灵渠的修浚达16次，灌溉功能越来越凸显。

清代兴安县的农田灌溉，主要以灵渠的南、北渠为主，也利用湘江及其支流和漓江及其支流的水源。为了确保灵渠水源，在南渠渠堤上，刻制了《严禁放鸟入堰塘捉鱼批示牌》，指出："窃维粮田必须粮堰，粮堰灌润粮田，上关国课，下济农民，不可毁伤，所故然也。"这儿明确而具体地说明了保护好灵渠，使其正常地发挥灌溉作用，对于统治者来说是关系到"上关国课，下济农民"的重大问题。

五、民国时期

自清末至民初，因连年征战，灵渠疏于修治，灌溉效益下降。直到民国二十年（公元1931年），广西政局稳定之后，灵渠的修治工作才重新得到重视，"由广西省政府终年派官员巡视，约三年一小修，五年一大修，小修时仅将颓坏之工事修理，大修时兼及疏浚"。小修时只是对被洪水损坏的局部设施进行维修，如陡门、堰坝工程的局部维修，五年才进行一次全线的修整，以维持正常的运输和农田灌溉之需（详见表4-5）。

表4-5　　　唐兆民调查复核1949年以前灵渠灌溉面积统计

A　无坝引水

序号	所在自然村	引水渠沟	灌田亩数	备注
1	上水关村	秦堤水涵	160	
2	下水关村	秦堤水涵和渠田峒一渠沟	140	
3	高塘村	渠田峒一渠沟	160	
4	架家塘	渠田峒一渠沟	80	
5	樟木塘	渠田峒二渠沟和渡槽引水沟	150	

序号	所在自然村	引水渠沟	灌田亩数	备注
6	斜陂堰	渠田峒二渠沟和渡槽引水沟	372	
7	梭子岭	渠田峒三渠沟和了渠沟	210	
8	五里牌	渠田峒三渠沟和了渠沟	288	
9	富贵岭	渠田峒三渠沟和了渠沟	100	
10	马路村	渠田峒三渠沟和了渠沟	80	
11	大湾陡	渠田峒三渠沟和了渠沟	386	
12	分水塘	北渠大水涵	100	田亩多在坡下，靠脚踏车提水
13	上黄村头	北渠大水涵	90	
14	中黄村头	石灰堰沟灌溉一部分	180	
15	黄村头廖家	石灰堰渠沟	334	
16	打鱼村	竹箕堰沟	330	地势高处架筒车9架
17	阳家	竹箕堰沟	120	
18	花桥	竹箕堰沟	154	
19	水泊村	潘家堰渠沟	300	
20	李家拉	潘家堰渠沟	110	田在水泊村附近
21	蒋家塘	潘家堰渠沟	80	田在水泊村附近
22	洲子上	塞北渠水架筒车15架提水	140	
合计			4064	筒车24架，辅助无坝引水灌溉

B 有坝引水或提水灌溉

序号	堰坝名称	所在自然村	筒车架数	灌田亩数	备注
1	下营桥堰沟	三里陡村附近		180	
2	赵家堰	赵家堰村旁	9	140	
3	小堰	赵家堰村下游	3	30	
4	裇口堰	季家上游	4	50	

序号	堰坝名称	所在自然村	筒车架数	灌田亩数	备注
5	四架车堰	季家下游对岸	4	45	1975 年仍使用
6	王家堰	六口岩村下游	3	40	
7	青石陡堰	六口岩村下游	2	25	堰在黄龙堤附近
8	刘家堰	六口岩村下游	2	25	堰在青石陡稍下
9	鸾塘堰沟	鸾塘村稍下	9	400	江西坪引水沟灌溉 300 亩，筒车提水灌溉 100 亩
10	邓家堰	下江西坪村附近	6	60	
11	牛角湾堰	小江背村上游	3	30	
12	黄浦堰	画眉塘村稍下	18	860	渠沟长 10 里灌溉 750 亩，筒车提水灌溉 110 亩
13	三架车堰	军田村旁	4	35	1938 年修铁路时堰毁
14	鸡公湾堰	军田村对岸	3	45	
15	横头坝沟	军田村附近	15	765	渠沟长 7 里灌溉 640 亩，筒车提水灌溉 125 亩
16	大车塘堰	芋苗冲村东	2	45	
17	标滩堰	芋苗冲村旁	5	110	北岸筒车 2 架灌溉 30 亩，南岸筒车 3 架灌溉 80 亩
18	黑石坝	芋苗冲村西	3	85	
19	陡沙滩堰	车田村附近	1	40	
20	马家堰	马家村对岸	5	300	
21	粉壁塘堰	马家村稍下	3	140	
22	车上堰	车田村旁	7	300	

序号	堰坝名称	所在自然村	筒车架数	灌田亩数	备注
23	黄茅堰	黄茅坝村旁	2	80	
24	娘娘庙堰	娘娘庙村旁	9	350	
25	子堰	五架车村旁	13	150	
26	石头堰	五架车村旁	9	180	
27	六口堰	五架车村旁	2	50	
28	矮子堰	五架车村旁	2	20	
29	马蹄堰	一甲村旁	3	40	
30	一甲堰	一甲村旁	4	55	筒车4架，1975年仍使用
31	龙门滩堰	一甲村下游	5	55	
32	冷水堰	一甲村下游约1里	6	160	
合计			166	4890	
总计			190	8954	含无坝引水

1941年，湘桂铁路正式通车，铁路线与灵渠大致平行而走，灵渠的运输作用就更趋衰落，抗日战争胜利后，灵渠完全呈现出一片衰败景象。据民国张莲甫《湘漓溯源》所述："堤防溃决，陡闸圮毁，盈盈一水，曾不容舠。不仅舟楫簰筏，不敢问津；即旱干水溢，两岸农田，胥受其害。"当时的农田灌溉用水，已到了崩溃的边缘。据唐兆民先生调查，中华人民共和国成立前灵渠南、北渠共建有堰坝35座，自流灌溉面积5224亩，建有筒车190架，提水灌溉面积3230亩，最大灌溉面积为8954亩，一般年份或工程维修较好时仅能保证一季中稻用水，如遇天旱或工程失修，仅能保证3400亩单季中稻用水。

六、1949 年后

中华人民共和国成立后，各级人民政府非常重视发展农业，号召全民兴修水利。在"水利是农业的命脉"的方针指引下，从1952年起对以灵渠为枢纽的水利建设全面展开。在北渠上游修建仙人渠，取代筒车24架，改提水灌溉为自流灌溉470亩，改一造稻田用水为二造稻田用水1468亩，新增灌溉面积277亩；扩建南渠总干渠，扩大灌溉面积49亩；在南渠2.32千米分水处兴修灵渠一支渠；在南渠经渠田垌中间兴修灵渠二支渠（1958年搞田园化时废弃）；在南渠3.1千米分水处兴修灵渠三支渠，长13.5千米，扩大灌溉面积6260亩；在南渠三里陡下游4.97千米处兴修严关干渠，长10千米，取消南渠鸾塘堰以上筒车19架，改提水灌溉为自流灌溉455亩，改善耕作面积480亩，扩大灌溉面积4877亩；兴建金沙冲水库，有效库容703万立方米，补充三支渠水量，同时增加灌溉面积13773亩；兴建支灵水库，有效库容309万立方米，补充南渠水量，扩大灌溉面积2100亩；兴建泥堰水库，有效库容31万立方米，补充南渠水量，扩大灌溉面积673亩；兴建南岔塘水库，有效库容130万立方米，补充三支渠水量，扩大灌溉面积1500亩；兴建洛塘水库，有效库容33.5万立方米，扩大灌溉面积950亩；兴建江西坪、画眉塘、军田、季家、车田、车上、五架车、一甲、黄浦等九座水轮泵站，维修4座堰坝，取消原有筒车130架，改提水灌溉为自流灌溉2710亩；改筒车为水轮泵提水灌溉745亩；使灵渠灌区水田的总灌溉面积达到了40328亩。灵渠灌区也成为兴安县的主要粮食生产基地之一（见表4–6）。

表 4-6　　　　　灵渠主要灌溉工程设施与灌溉面积（2018）

序号	工程名称	长度/千米	流量/立方米每秒	灌溉面积/亩		受益村屯
				水田	旱地	
北 渠						
1	大水涵支渠	2.5	0.25	700	300	分水塘、上黄、中黄、黄村头、廖家
2	竹枝堰支渠	2.0	0.2	424	200	打鱼村、阳家、花桥
3	潘家堰支渠	2.0	0.1	180	250	廖家、水泊
4	仙人渠	10.0	0.5	911	1450	水泊、李家拉、蒋家塘、洲子上等
南 渠						
5	秦堤水涵	0.8	0.1	349	——	上水关、下水关
6	一支渠	3.2	0.3	1727	1600	高塘、贺家塘、斜皮堰、樟木塘等
7	三支渠	13	1.3	7774	4300	护城村委、城东村委、大同村委等
8	严关干渠	10	0.8	5812	3362	冠山村委、杉木村委
9	金沙冲南干渠	12.8	2.5	12773	6000	自治村委、城市村委、红卫村委
10	柘园支灵	3.5	1.2	2100	850	柘园村委、福在村委
11	泥堰支渠	4.0	0.4	673	350	柘园村委、福在村委
12	城东支渠	3.5	0.2	1500	1400	百里村委及三支渠
13	大同支渠	3.5	0.2	950	1100	百里村委及三支渠
14	红卫支渠	3	0.2	1000	1000	红卫村委
15	黑石坝	8.5	0.5	1700	1500	车田村委、一甲村委
16	车田坝	3.8	0.2	400	410	一甲村委
17	江西坪坝	4.2	0.3	400	300	杉木村委
18	鸾塘坝	3.0	0.3	210	300	塘堡村委

序号	工程名称	长度／千米	流量／立方米每秒	灌溉面积／亩		受益村屯
				水田	旱地	
19	江西坪水轮泵站	——	——	40	——	江西坪村
20	画眉塘水轮泵站	——	——	40	——	画眉塘村
21	军田水轮泵站	——	——	50	——	军田村
22	季家水轮泵站	——	——	145	——	季家村
23	车田水轮泵站	——	——	60	——	车田村
24	车上水轮泵站	——	——	90	——	车上村
25	五架车水轮泵站	——	——	150	——	五架车、娘娘庙村
26	一甲水轮泵站	——	——	120	——	一甲村
27	黄浦水轮泵站	——	——	50	——	黄浦村
合计		93.3	9.55	40328	24672	——

2018年申报世界灌溉工程遗产时，据兴安县水利局调查统计，灵渠的灌溉面积总计约6.5万亩，其中北渠4415亩，南渠60585亩，水田40328亩，旱田24672亩。

第五章　灵渠灌溉工程遗产

　　2014年，国际灌排委员会设立世界灌溉工程遗产名录，正式启动全球世界灌溉工程遗产的申报评选工作，这大大促进了包括中国在内的世界各地对于灌溉历史文化的挖掘和遗产保护工作的开展，灌溉工程遗产的概念逐渐开始进入世人关注和学界研究的视野。世界灌溉工程遗产是国际灌排委员会在全球范围内设立的世界遗产项目，目的为梳理和认知世界灌溉文明的历史演变脉络，在世界范围内挖掘、采集和收录传统灌溉工程的基本信息，了解其主要成就和支撑工程长期运用的关键特性，总结学习可持续灌溉的哲学智慧，保护传承利用好灌溉工程遗产。

　　始建时灵渠的整个工程体系是单纯以实现跨流域的水运为目标进行规划和设计的，后来在发展过程中逐渐附加灌溉工程设施，发展灌溉效益。由于灌溉并非灵渠的原生功能，对其作为灌溉工程遗产的历史、构成和价值的分析与评估，与从水利遗产或文化遗产视角对灵渠的分析不同。本章系统介绍灵渠灌溉工程遗产的构成体系、遗产特征价值，以及成功申报成为世界灌溉工程遗产所具备的条件与符合的标准。

第一节　灌溉工程遗产构成

作为灌溉工程遗产的灵渠，其遗产构成主要考虑包括为灌溉功能的发挥而不可缺少的工程设施、管理设施及证明其灌溉历史科技文化价值的各类历史遗存及文化设施（见表5-1）。灵渠工程对于水运和灌溉的功能设计、工程设施建设发展有主有次、有先有后，这是客观的历史过程和实体存在，但既然要作为灌溉工程遗产，就需要有明确的针对性和落脚点。

表 5-1　　　　　　　　　　　　　　灵渠灌溉工程遗产构成

构成	分类	内容及描述
灌溉工程体系	渠首枢纽	铧嘴：长186米、宽22.5米、高3.6米 大天平：长344米、坝面斜宽26.9米、高2.24米 小天平：长130米、坝面斜宽22.7米、高2.24米，与大天平夹角108度 南陡、北陡：控制南、北渠进水量
	干渠工程	南渠：33.15千米，平均坡降0.91‰，包括人工段4.1千米、自然河道渠化段29.05千米 北渠：3.25千米，平均坡降1.68‰ 陡门：33座（不含南、北陡） 堰坝：33座
	防洪工程设施	重要堤防：秦堤3.25千米 泄水天平：5处（泄水大天平、马嘶桥泄水天平、北渠回龙堤、南渠黄龙堤溢流堰、北渠竹枝堰溢流堰）
	引水灌溉工程设施	自流—直引支渠：18条（水涵2、闸9、堰坝7），总长129.7千米，总引水流量14立方米每秒 提水－水轮泵站：9座 水涵遗址：7处 田间渠系及控制设施、调蓄塘坝
	灌区农业景观	6.5万亩（水田40328亩，旱田24672亩）

构成	分类	内容及描述
相关遗产	水利碑刻石刻	41通（处）
	水神庙祠	分水龙王庙、四贤祠、三将军墓、季家祠堂等
	灵渠历史文献	数量众多

一、灌溉工程设施体系遗存

灵渠灌溉工程体系包括渠首枢纽、干渠工程、防洪工程、自流与提水灌溉体系等是灌溉工程遗产的主体构成。完善的工程体系兼有通航和灌溉功能（见图5-1）。

（一）渠首枢纽

灵渠的渠首枢纽工程既是早期运河行船供水的基本保障，也是后来为灌溉供水的基本保障。灵渠的渠首枢纽遗存保存完整，仍在使用，包括铧嘴和大小天平，以及南陡、北陡，主要是壅水、分水的作用。铧嘴将湘江一分为二，再经大小天平分别导入北渠、南渠。铧嘴原长186米，清末1885年被洪水冲毁81米后，一直未曾修复。2005—2007年，兴安县经论证并报国家文物局批准实施了铧嘴修复工程。目前，结构已恢复历史完整状态。大小天平保存完好，大天平长343.3米，宽21.1米；小天平长127米，宽18.1米，坝面均为片石竖砌，能够在水流冲刷下保持结构稳定。

南陡、北陡分别是南渠和北渠的进水闸，保存完好。

灵渠开凿成功的关键就是渠首的选址及工程布置，科学合理地解决壅水、引水、分水等一系列的水源控制问题。

（二）干渠工程

灵渠包括南渠与北渠，它们既是通船的航道，又是灌溉输水

图 5-1　灵渠灌溉工程设施遗存分布图

的干渠。

南渠全长 33 千米，包括人工开凿段、半人工河段和局部整治的天然河段，渠道走向、工程设施、周边自然环境与历史时期基本保持一致。北渠全长 3.9 千米，全部为人工开凿，也整体保存完好。

（三）陡门堰坝

陡门、堰坝是灵渠干渠上的节制工程，最初为通航、调控区段水流水位而建。陡门是灵渠独具特色的通航水利工程，在灵渠的灌溉功能发展之后，陡门则同时为支渠引水灌溉发挥节制功能。堰坝原也主要为控导半人工与自然河段水流水位、提升通航条件而建，同样在灵渠灌溉功能发展之后，堰坝同时为灌溉引水发挥节制水位水量和导流功能。为了灌溉功能更好发挥，灵渠上后来又新建了一些专为灌溉服务的堰坝工程。灵渠现存陡门、堰坝工程遗存各 33 座，大多保留历史形式。

（四）防洪设施

防洪安全是灵渠水运和灌溉功能发挥的基本保障。灵渠主要防洪工程包括渠道险工段堤防和泄水天平或溢流堰。秦堤是南渠上代表性的防洪堤，是位于南陡下游南渠与湘江故道之间的一道石堤，全长 3.25 千米。秦堤的存亡直接关系灵渠的存亡，历史上其修建维护备受重视。秦堤堤顶最窄处只有 3～5 米，最宽处 30 米，全部采用大条石砌筑而成，堤顶与湘江河床最高相差 8 米，两水相距最近处仅 3 米。其中接龙桥至大湾陡段长 900 米，这段渠道南临山脚，北依稻田，渠水比稻田高，堤高仅 1.0 米，顶宽 1.6 米，这片农田被称渠田垌，秦堤兼有保障农田防洪安全的功能。

泄水天平和溢流堰即在渠道沿途外侧修建的滚水坝，它能够排泄渠道中高出溢流坝顶高程的多余洪水，以确保渠堤安全的功能。灵渠中共有泄水天平和溢流堰 5 处。其中南渠 3 处，北渠 2 处，均保存完好。

（五）自流与提水灌溉工程设施

灵渠的灌溉主要有自流和提水两种方式，灌溉工程设施均为运河工程开通之后增建。渠堤上的水涵就是灵渠自流灌溉的引水口，明初修建的 24 处水涵，现在有 2 处仍在使用，7 处保存遗址。在沿渠农田高于渠水位的地方，历来使用龙骨水车、筒车等提水设施进行灌溉，有些渠段还在干渠上建壅高水位和控导水流的堰坝用来引水灌溉或优化提水条件，兼留堰门通船，现已完全成为灌溉工程设施。

关于灵渠具体灌溉工程体系和设施分布，古代没有具体记载。据 1938 年扬子江水利委员会的调查统计，当时灵渠上自流灌溉渠道 13 条、堰坝 31 座、筒车 205 架，保灌面积 8502 亩，大体能够反映历史灌溉体系和规模。随着近代灵渠水运功能的终结，1949 年之后对灵渠灌溉体系进行了系统修复和扩建，灌溉效益大幅提升。1975 年据唐兆民先生调查，当时灵渠自流灌溉渠道 21 条、堰坝 32 座、筒车 190 架、保灌面积 8654 亩。目前直接自灵渠引水的灌溉支渠共计 18 条（北渠 4 条、南渠 14 条），总长 129.7 千米，总引水流量 14 立方米每秒，其中灌溉引水堰坝 7 座、水涵 2 处、引水闸 9 座，南渠上还保留水轮泵站 9 座（灌溉面积 745 亩）。灵渠总灌溉面积 6.5 万亩（北渠 4415 亩、南渠 60585 亩）。

二、相关文化遗产

灵渠灌溉工程遗产还包括与其古代灌溉水利直接相关的一些文化遗产，包括水利碑刻石刻 41 处、水神庙祠多座、历史文献档

案等。

（一）水利碑刻

四贤祠内原存 6 块古碑，其中，有元代碑刻 1 块，即黄裳的《灵济庙记》碑；有清代碑刻 5 块，分别是康熙五十四年（公元 1715 年）陈元龙的《灵渠凿石开滩记》碑，乾隆二十年（公元 1755 年）梁奇通的《重修兴安陡河碑记》碑及杨应琚的《修复陡河碑记》碑，嘉庆二十五年（公元 1820 年）赵慎畛的《重修陡河碑记》碑和光绪十四年（公元 1888 年）陈凤楼的《重修兴安陡河碑记》碑。1985 年，文物管理所重修四贤祠时，又将兴安各地的 26 块古碑一并移入院内，并增设了碑廊，形成灵渠碑林，为灵渠保存了难得的史料。

元代黄裳的《灵济庙记》碑是兴安县境内发现的唯一一块元碑。碑上记载了一则灵异故事，说四贤如何关心修渠，这是极为罕见的。

祠内有 3 块稀世罕见的古碑，号称"三绝碑"。第一块是"古树吞碑"，祠前一棵二人合抱的大重杨，虽然树龄达 700 余年，却依然枝繁叶茂，生机盎然，将靠在树身的一方乾隆十二年（公元 1747 年）的四贤祠新装水神石碑横吞进三分之一，使碑与地面平行悬空 30 厘米左右，可谓一大奇观。第二块是《劣政碑》，亦称"损德碑"。碑高 1.47 米，上书"浮加赋税冒功累民兴安知事吕德慎之纪念碑"19 个大字，落款为"中华民国五年冬日阖邑公立"。民国二年至民国五年，桂林籍的吕德慎任兴安知县，因增加赋税，形成积怨，被兴安百姓联名告状被革职。在其离任之后，县民立碑以示惩戒，成为此后过往官员的一块警示碑。第三块碑是清乾隆五十六年（公元 1791 年）查淳书"湘漓分派"原碑，高 2.76 米、宽 1.34 米。此碑最先立于铧嘴，20 世纪 90 年代初，因打鱼的村民冬天在碑前生火取暖而爆裂，碎为数块，后经文物工作人员修复移至祠内。最为奇特的是，碑中的裂痕恰巧形成一幅铧嘴与大小天平的示意图，亦是碑中一绝。

飞来石位于四贤祠下游 100 多米的灵渠东岸，是一座独立的平台状的小石山。高出地面约 2.6 米，围径约 28 米，上平如砥，有级可登。顶部石隙中长有四季桂一株，亭亭如盖，苍翠欲滴。石壁有"灵渠""飞来石""砥柱石""夜月潭辉""虹如"、《通筑兴安渠陡记》等明清摩崖石刻 11 处，详见表 5-2。

表 5-2 　　　　　　　　　灵渠现存碑刻题刻一览

作者	碑文名称	规格 / 米	刻碑时间	现存地点	保存状况
秦晟	重修黄龙堤记	0.6 × 0.45	北宋庆历五年（公元 1045 年）	飞来石上	难辨
宋翔	虹如	0.7 × 0.7	南宋	飞来石上	完整
陈邕	湘漓二水之源		南宋淳熙十四年（公元 1187 年）	灵川海洋龙母岩	清晰
陈邕	海洋山灵济庙碑记		南宋淳熙十四年（公元 1187 年）	灵川海洋龙母岩石壁	可辨
黄裳	灵济庙记	1.93 × 0.89	元至正十七年（公元 1357 年）	四贤祠	破损
严震直	通筑兴安渠陡记	1.95 × 2.5	明洪武二十九年（公元 1396 年）	飞来石上	可辨
梁梦雷	砥柱石	0.7 × 0.37	明万历十七年（公元 1589 年）	飞来石上	完整
梁梦雷	伏波遗迹	2 × 1.2	明万历十七年（公元 1589 年）	铧嘴亭	完整
张孙纯	改建旧城记	1.9 × 1.17	明万历三十二年（公元 1604 年）	四贤祠	尚可辨

作者	碑文名称	规格/米	刻碑时间	现存地点	保存状况
肖道隆	夜月潭辉	1.3×0.5	明永历六年（公元1652年）	飞来石上	完整
曹林韵	飞来石	1.50×0.70	清康熙九至十一年（公元1670—1672年）	飞来石	完整
范承勋	重修兴安灵渠碑记	1.4×0.95	清康熙二十五年（公元1686年）	飞来石上	下部剥蚀
石琳	捐俸重修陡河碑	2.19×1.18	清康熙三十七年（公元1698年）	四贤祠	可辨
陈元龙	重建灵渠石堤陡门碑记	2.0×1.0	清康熙五十四年（公元1715年）	四贤祠	清晰
陈元龙等	灵渠凿石开滩记	2.40×0.75	清康熙五十四年（公元1715年）	四贤祠	清晰
鄂昌	分水亭	2.3×1.18	清乾隆十一年（公元1746年）	灵源寺前	完整
佚名	置黑衣、水神二神像捐款碑	1.0×0.8	清乾隆十二年（公元1747年）	四贤祠	被古树拌香，难辨
梁奇通	重修兴安陡河碑记	1.34×0.90	清乾隆二十年（公元1755年）	四贤祠	清晰
查礼	灵渠	1.76×1.4	清乾隆二十年（公元1755年）	飞来石上	完整
杨应琚	修复陡河碑记	3×1.4	清乾隆二十年（公元1755年）	四贤祠	被古树半吞难辨
查淳	湘漓分派	2.76×1.34	清乾隆五十六年（公元1791年）	原碑存四贤祠	破损可辨
				复制碑存铧嘴亭	完整
赵慎畛	重修陡河碑记	1.9×1.04	清嘉庆二十五年（公元1820年）	四贤祠	清晰
佚名	修建报功祠捐款碑	2.05×1.0	清道光六年（公元1826年）	四贤祠	尚可辨

灵渠

亦通舟楫亦溉田

作者	碑文名称	规格/米	刻碑时间	现存地点	保存状况
张运昭	刘、李、张三将军墓碑		清道光十三年（公元1833年）	三将军墓	清晰
鹿传林	大溶江义学碑	1.22×0.7	清同治四年（公元1865年）	四贤祠	可辨
兴安县衙	严禁放鸟入堰塘捉鱼批示碑		清同治十年（公元1871年）	灵山庙村灵山桥边岩石上	模糊
陈凤楼	重修兴安陡河碑记	2.01×1.0	清光绪十四年（公元1888年）	四贤祠	清晰
廖达	牯牛石（诗）	0.4×0.5	民国初年（公元1912年）	严关牯牛石	清晰
张鼎星	牯牛石（诗）	0.4×0.6	民国初年（公元1912年）	严关牯牛石	清晰
兴安邑人	劣政碑	1.47×0.83	民国五年（公元1916年）	四贤祠	清晰
彭学漖	杏亭记	1.33×0.78	民国九年（公元1920年）	四贤祠	可辨
李时济	题诗碑	1.0×0.68	民国九年（公元1920年）	四贤祠	可辨
张鼎星等	题诗碑	0.4×0.82	民国九年（公元1920年）	四贤祠	可辨
王赞斌	题联碑	2.0×0.3	民国十一年（公元1922年）	四贤祠	可辨
马维祺	兴安县公署布告	1.66×0.97	民国十六年（公元1927年）	四贤祠	可辨
张鼎星	题联碑	2.0×0.3	民国三十一年（公元1942年）	四贤祠	可辨
黎达睿	题联碑	2.0×0.3	民国三十一年（公元1942年）	四贤祠	可辨
胡天乐	题联碑	2.0×0.3	民国三十一年（公元1942年）	四贤祠	可辨

作者	碑文名称	规格／米	刻碑时间	现存地点	保存状况
李济深	秦堤		民国三十二年（公元 1943 年）	飞来石亭内	清晰
郭沫若	满江红·灵渠	2.5×0.69	1963 年	鲤鱼洲	完整
兴安文物管理所	四贤祠碑	0.2×0.6	1982 年重刻	四贤祠墙上	清晰
李铎玉	灵济庙记	0.8×0.6	1985 年重刻	四贤祠墙上	清晰
兴安文物管理所	重建四贤祠碑记		1985 年 8 月重建	四贤祠墙上	清晰

（二）水神庙祠

1. 四贤祠

四贤祠位于南陡下游约 100 多米处的灵渠畔，因祀奉历代修渠功绩显赫的四位先贤：秦监御史禄、汉伏波将军马援、唐桂管观察使李渤、唐桂州刺史鱼孟威。四贤祠是灵渠文物汇集的重要场所。

四贤祠创建年代无法考证。据元人黄裳《灵济庙记》记载，庙原在"西山之地"，元代至正十五年（公元 1355 年），岭南广西道肃政廉访副使也儿吉尼命静江路判官王凭让重修灵渠时，得"四贤旧祠"而重新扩建，并改名"灵济庙"，后来屡修屡毁。仅在清代，就曾经四次重修，三次损毁。其中，雍正十一年（公元 1733 年）重建，在旁增设了"黑神祠"，祀"黑衣神"也儿吉尼；当时三殿并列，左殿祀龙王，右殿祀黑衣神，中殿祀"四贤"及历代对灵渠有功的人物。咸丰元年（公元 1851 年），灵渠灵济庙和黑神祠被火焚毁，后重建。光绪十一年（公元 1885 年），灵济庙和黑神祠再次被火焚毁。光绪十四年（公元 1888 年）又重建，复名"四贤祠"，只列两殿，右殿改为住室。共六开间，占地宽 24 米、深 11 米，脊高 9.5 米，前有八字门墙紧靠水边，总面积 280 平方米。

中华人民共和国成立后，尤其是"文化大革命"后，祠宇逐渐破败。1981 年，兴安县人民政府决定，由县文物管理所对原祠进行绘图、拍照后拆除重建。重建后的四贤祠建筑面积 851.26 平方米，比原来扩大 2 倍。占地面积也由原来的 1100 平方米扩大到1935 平方米。保留了原来的建筑风格和形式，增建了东西门楼和临渠小榭，保留了原来 6 方清代修渠碑记，重塑了四贤的青铜塑像，院内新挖了鱼池，堆砌了假山，增设了碑廊，保存了从外面移入的 26 块元代以来有关灵渠的古代碑刻。

现在所见的四贤祠，保留了桂北传统的建筑风格，灰瓦白墙，显得古香古色；门口一株古樟，衬托出它的古老。石砌的大门上"四贤祠" 三个大字，熠熠生辉。大门两侧镌刻一副对联："咫尺江山分楚越，史君才气卷波澜"，高度概括了灵渠的重要地位，讴歌了史禄的历史功绩。

祠内花窗回廊，古木扶苏，祠外绿水环抱，颇有岭南园林意趣，置身其间，有时空穿越之感。

元至正十五年（公元 1355 年）广西道肃政廉访副使也儿吉尼创建"灵济庙"时，即祀奉史禄、马援、李渤、鱼孟威四贤神像；清代重修四贤祠时，除供奉四贤之外，还增添了李师中等历代修渠有功人物；民国时，神像渐废，祠宇犹存。1985 年，兴安县文物馆重修四贤祠时，用青铜重塑了四贤像，立于正殿，四贤形象庄严肃穆、栩栩如生，每尊神像均设有基座，上刻各位先贤的生

平简介。

（三）古桥

灵渠是南北交通干线，必然与多条道路相交，这就要修一系列的桥。这些桥不但是陆（路）上通道，而且某些桥的附近还是水陆货物交易的场所。又由于桥孔比渠道要窄，桥下就相当于一个没有陡门的陡，对行船有一定影响。

不少桥有悠久的历史。万里桥建于唐代，以到都城长安有万里的路程而得名。接龙桥始建于宋太平兴国八年（公元983年）。三里桥建于明成化二十三年（公元1487年）。花桥与肖家桥都建在明万历年间。观音阁桥与沧浪桥建于清康熙年间。雍正年间修了横渡湘江故道31孔的马桥。乾隆年间，灵渠上还有桥11座，即南渠上的粟家桥、万里桥、沧浪桥、接龙桥、肖家桥、三里桥、霞云桥、星桥；北渠上的观音阁桥和花桥；湘江故道上的马桥。《灵渠勘测报告》根据调查成果对当时南渠上尚存的桥做了确切的描述（见表5-3）。

表5-3　　　　　　　　　　　1938年灵渠桥梁调查情况

名称	自南陡下行之千米里程	说明	附注
粟家桥（苏家桥）	1.41	单孔石拱桥。桥孔为半圆形，桥长17.8米，桥顶长6.6米，宽2.6米，距地面高1.75米，桥孔宽为6.2米，高4.9米，桥身完整，于航行无碍，桥下为泥土质	平时，桥下水深，左为0.95米，中为1.55米，右为1.35米
万里桥	2.05	单孔石拱桥。桥孔为半圆形，桥上筑有路亭。桥长15.65米。桥上路亭长7.45米，宽6.0米，距地面高出2.45米，桥孔宽为5.7米，高为4.3米，桥身完整，于航行无碍，桥下为泥土质	桥下水深，平时为1.5米

名称	自南陡下行之千米里程	说明	附注
沧浪桥（娘娘桥、天妃桥）	2.15	单孔石拱桥，位于渠身之折向处，左右岸民房太近。桥斜跨灵渠上，亦有路亭。桥长13.2米，路亭长5.1米，宽6.45米，桥孔宽为5.6米，高41米。桥身完整，于航行无碍，桥下为泥土质	水深平均高为0.9米
接龙桥	2.23	单孔石拱桥。桥孔为半圆形，长17.6米，顶长5.4米，桥宽6.3米，桥孔宽5.9米，高4.4米。桥身有裂缝，航行尚无碍，其下为泥土质	此桥距沧浪桥甚近，已出城厢之市场交通上，不甚重要。桥下水深，平时约1.4米
陡河桥	3.22	为湘桂公路之单孔平顶石拱桥。孔为圆形，长12.8米，宽6米，桥孔宽6.9米，高4.85米，桥新建，甚坚固	桥下水深平均高为0.9米
铁路桥	3.33	单孔平顶水泥钢骨桥。孔长方，长23.1米，宽15.2米，桥墩下水面宽7.6米，孔高7.15米。桥新建，墩座砌石尚未灌浆	桥下水深约0.65米
三里桥	4.35	单孔石拱桥。孔为半圆形，全长37米，桥顶长12.3米，桥宽9米，距地面高出2.5米，孔宽为6.5米，孔高5.1米。桥身完好，无碍航行，其下与三里陡相接，下基为礁石	调查时之水深，在桥下平均为0.9米
下荫桥	5.40	单孔公路之平顶木桥，孔扁长方形，桥长13米，宽7米，桥面里渠底高4.4米。尚完整，唯太低，故大水时，船不得过，应加高重建	水深，平时，约1.3米
上水关吊桥	5.76	形式类似陡门，船家亦以之作陡门用，因建造时，目的为作桥，故以桥名，但仅成其两墩而未建桥，墩亦半圆形，下礁石底崩塌，水甚急	

左侧边栏：
灵渠
亦通舟楫亦溉田

名称	自南陡下行之千米里程	说明	附注
霞云桥	5.85	单孔石拱桥。孔半圆形，长 16 米，平顶部长 3.96 米，桥宽 3.6 米，桥下渠宽仅 3.9 米，孔高 4.5 米。桥身整好，桥下礁石质，最近，该桥已被交通部机械厂筑公路支线通过，而改为公路桥矣	灵渠各桥桥孔最小者，现虽于航行无碍，将来势必拆除，桥下水深，平时为 0.6 米
下水关吊桥	6.51	亦与上水关吊桥相同，唯不能做陡用，墩上架临时木板，可通行人	
培元桥	8.19	单孔石拱桥。上建路亭，孔半圆形，长 23.3 米，亭长 10.9 米，桥宽 4.1 米，距地面高出 3.6 米，孔宽 5.7 米。颇坚固、完整，唯桥下水深，平时仅 3 公寸，水流甚急，似宜凿深而炸除附近礁石	
星桥（即新桥）	10.53	单孔石拱桥。孔半圆形，长 20.5 米，桥平顶长 3.5 米，桥宽 4.2 米，距平地高出 3.1 米，孔宽 5.4 米，孔高 5.8 米。于航行无碍，颇完整	
黄龙桥	12.49	石墩木板五孔桥。墩为大条石筑成形，上尖下平形，尖头向上水。墩长约 1.5 米，宽 0.7 米，高出渠底 1.5 米，高水时，桥墩没入水面下，木板收置于旁。桥孔宽自左至右为第一孔 4.1 米，第二孔 4.5 米，第三孔 6.2 米，第四孔 4.4 米，第五孔 4.6 米，共长为 27.0 米，船只从第三孔经过	查勘时桥下水深在第一孔为 0.70 米，第二孔为 0.73 米，第三孔为 0.82 米，第四孔为 0.65 米，第五孔为 0.55 米
马头桥	15.42	八孔石板平桥。桥墩桥面均用大条石筑成，桥墩式样与黄龙桥相同。平均每墩长约 1.5 米，宽 0.8 米，高出河底 1.4 米。上架石板，宽 0.95 米至 5 米不等。航道由左至右第三孔过，桥下水深在平时平均为 1.25 米，第五孔上架木板，可拆卸	此桥上游有清同治年间所建之单孔石桥一座，名叫人桥，已冲塌，仅留桥座

名称	自南陡下行之千米里程	说明	附注
长塘桥	16.99	石墩木便桥为最近当地驻军所建。墩为块石垒成，高约七公寸，上架小木板，全长为 40 米。桥上游有卵石洲，航道在洲左，桥下游多卵石滩，附近渠水甚浅	
鸾塘桥	17.36	此桥不甚规则，有桥孔凡五个，大小不等，桥墩以五分圆木桩围筑，外缠柳条，中用卵石填实，左右端相差 8 公寸，中间有数墩较高，约 1.6 米，上架木板，可以拆卸。桥孔宽，自左至右第一孔 13.5 米，第二孔 4.4 米，第三孔 3.8 米，第四孔 4.4 米，第五孔 5 米，全长 64.0 米。航道由第四孔过桥，为村民集资，建于民国九年。大水时常淹没，故另有渡船	

当时，北渠上的观音阁桥与花桥还在。除上述之外，灵渠上还修过一些其他桥梁，例如，湘桂铁路桥、陡河桥（桂黄湘桂公路桥）、上水关吊桥、下水关吊桥、黄龙桥、马头桥、长塘桥、鸾塘桥等，大部分建于民国时期，多为平板桥。

第二节　遗产特征价值

作为具有综合效益的水利工程，灵渠灌溉管理与单纯的灌溉工程的管理不同，因此也表现出独具特色的遗产特性和文化价值。灵渠是水利工程综合、可持续利用的典范。工程历史悠久、文化内涵十分丰富，工程体系规划科学、设计精巧，以最小的工程量实现最大的水利效益。灵渠作为灌溉工程遗产，各方面价值十分突出。

一、遗产特征

灵渠作为灌溉工程遗产，具有如下鲜明特点。

（一）综合利用特征显著

灵渠具有水运、灌溉、防洪排涝、供水及生态、景观等水利功能，综合利用特征显著。灵渠始建之初，主要为水运交通的军事目的，后逐渐发展出灌溉功能。与此同时，灵渠具有分泄湘江洪水、保障兴安县防洪排涝安全的效益，兼有为沿线城镇供水的客观效益；灵渠的跨流域输水为湘桂走廊一带的水资源合理配置发挥了基础性作用，对调节区域生态、塑造水利景观具有重要意义。

（二）历史地位突出，影响历史进程

灵渠在中华文明历史进程中具有重要地位，它的开凿为秦始皇征战岭南、统一中国提供了基础支持，一定程度上影响了中华民族统一的历史进程。正因如此，灵渠被打上深深的时代烙印和军事文化特点，这是灵渠历史文化价值的重要组成部分。灵渠是秦王朝大一统的标志性工程。在秦始皇统一中国之后，灵渠也一直为岭南地区与中原之间的经济文化交流、民族融合发挥着不可替代的作用，在维系国家领土完整中具有战略意义。

（三）"非原生"灌溉工程

灵渠建设之初以及长期以来，主要作为运河工程进行规划设计，不似都江堰等主要作为灌溉工程，因此在工程体系、发展沿革、灌溉特点等方面与其他"原生"灌溉工程有显著差异。

灵渠在规划建设之初主要考虑水系沟通和航运效益的实现，未涉及灌溉目标与工程设施布置。到宋代时才出现灵渠有灌溉功能的记载，这证实至晚至此时灵渠上已有成体系的灌溉设施。作为运河工程的灵渠，其规划设计原则以全线水流平顺、贯通为要，因此线路布局、工程设施、高程设计均突出体现平缓、通达的特点。以此为基础，后来灵渠上附加灌溉功能及工程设施时，也首先不改变干渠平缓的特征，不阻断通航，进而在干渠堤上开水口引水入田，特别是广泛采用提水灌溉的方式。若灵渠始建之初即以灌溉为首要功能，则会以自流灌溉为第一原则进行规划设计，那么工程体系和特征就不会是我们现在看到的面貌了。近百年来，随着灵渠交通功能的弱化、蜕化，干渠上陆续增设了一些阻断通航的堰坝以更便利引水灌溉。这是灵渠作为"非原生"灌溉工程的显著特点。

（四）可持续性

灵渠持续运行 2000 多年，运河及灌溉工程体系虽在不同历史时期不断完善，但主体工程位置、体系布局及形式基本没有大的变动，持续发挥水运交通和灌溉效益。随着社会经济的发展，灵渠的主要功能由水运转变为灌溉，充分体现了水利工程与时俱进、适应和服务社会发展的特点。灵渠水利工程持续两千多年，水利功能从未中断，工程体系的科学性和完善的管理维护，保障了其水利功能的持续性。

二、遗产价值

灵渠灌溉工程遗产价值主要包括如下几个方面。

（一）历史价值

灵渠始建于公元前 214 年，是秦始皇为统一岭南、输送粮饷而命史禄开凿的运河，此后兼有灌溉功能。灵渠的开凿推动了秦始皇统一中国的历史进程，并在此后两千多年间一直是岭南地区与中原往来的交通要道，为促进区域之间人口、经济、文化交流发挥了重要作用。灵渠的建造和发展历程，是中华民族统一和融合发展的历史见证。

灵渠在发挥水运交通功能的同时，也推动了兴安地区灌溉农业的发展。在灵渠运河主体水利工程的基础上，军事屯田推动了早期兴安地区灌溉农业的初步发展。随着常住人口的增加，灌溉农业成为山多地少的兴安地区社会经济的基础支撑，12世纪后灵渠灌溉功能的地位越来越重要，灵渠的灌溉工程体系也越来越发展完善。随着1930年代灵渠水运的终结，灌溉成为其主要水利功能。目前灵渠灌区已经成为兴安县的主要农业经济产区。灵渠灌溉历史的发展演变，见证了区域农业经济发展的历史。

（二）科技价值

灵渠水利工程的科技价值，突出体现在它的工程成就、规划设计、工程管理等方面。灵渠是最早的跨流域水利工程，在公元前3世纪即以其宏大的规划视野、精确的高程测量与水文测算、科学的渠首选址与渠道选线、巧妙的工程体系设计等，在复杂而独特的地形地貌之间，运用原始的工程技术和传统材料工艺建造成功，跨越分水岭实现了长江流域与珠江流域之间的水运沟通，其所代表的水利工程科学技术水平远超同时期的绝大部分工程。灵渠是其所属建筑年代的工程奇迹，也是水利工程因地制宜、充分利用自然条件与极富想象力的规划设计的完美融合。灵渠延续运用两千多年，逐渐形成一套完善的水量调控、通航调度的工程体系与管理体系，保障了航运的通畅和灌溉功能的发挥。灵渠是水利工程因地制宜、充分利用自然条件的典范，它的整体规划设计在科学合理的同时又极富想象力。灵渠科学、完善的工程体系规划，综合而充分地利用区域地形地貌、水系水资源条件，以最小工程量实现最大水利效益，并延续两千多年至今仍在发挥效益，这对当代水利工程的规划设计和建设运行同样具有借鉴价值。

（三）文化价值

灵渠是秦王朝和大一统的标志性工程，岭南与中原文化交流的通道。灵渠在长期的发展完善和运用过程中，衍生了丰富的文化内涵。

灵渠文化的内涵包含有秦文化、岭南文化、军事文化、水利文化等方面。灵渠是大秦帝国统一岭南的直接支撑，也是两千多年来岭南与中原往来的战略通道。灵渠由此成为秦文化中不可或缺的一部分，也成为了岭南地区历史发展进程中的里程碑工程，是岭南文化对外交流传播的枢纽。灵渠本为军事目的的水利工程，其军事文化特色鲜明。守护灵渠的军事堡垒秦城遗址尚在，守卫和管理灵渠陡门的陡军后裔、祠堂、驻扎与生活的村落在灵渠沿线广泛分布。灵渠是世界上最早开凿的越岭运河，在世界运河史上有突出地位和代表性，对运河水利科技文化影响深远。

灵渠水利工程的规划设计，也充分体现了人与自然和谐的中国传统治水哲学。灵渠水神崇拜文化丰富而具有特色，水龙王庙等自然水神，以及由对灵渠工程有突出贡献的真实人物转变而来的水神等，成为灵渠水利文化的重要内涵。灵渠历代留下众多的文学、文艺作品，也是灵渠文化的重要组成部分。目前灵渠已经成为兴安县标志性的文化资源。

（四）生态价值

灵渠通过跨流域的水资源调配，在实现通航与灌溉的同时，

客观上对区域水资源进行了优化配置，缓解湘江洪水威胁、改善灌区农业生态环境。灵渠水利工程是低影响开发的典范，工程规划建设充分体现了对自然地理环境影响最小的原则，持续运行两千多年，在发挥最大水运和灌溉效益的同时，未对区域的自然地理环境产生不利影响，这在大型水利工程中是不多见的。现代大型水利工程建设的环境影响是社会关注和争议焦点，灵渠则为此提供了规划设计理念和实践经验的经典案例。与此同时，灵渠优美的生态环境也是内涵丰富、特色鲜明的历史文化景观，近年来灵渠的旅游经济效益日益突出，为当地社会经济发展发挥着重要作用。

三、遗产工程综合效益

灵渠是水利工程综合利用的典型代表，兼有灌溉、水运、生态、防洪等功能，历史上对中国统一的历史进程产生重要影响。近年来随着社会经济的快速发展和对历史文化旅游的需要，依托灵渠优美的生态环境景观和深厚的历史文化科技内涵，灵渠的旅游效益越来越突出。目前灵渠水利工程是兴安县农业经济和旅游服务业发展的重要支撑。

（一）灌溉效益

灌溉效益是灵渠长期发挥的重要水利功能，也是目前灵渠的主要水利功能。至晚至 12 世纪（南宋），灵渠灌溉面积已达到一定规模，文献中对灵渠的灌溉有了明确记载。此后灌溉工程体系不断完善、灌溉面积不断扩大，为区域农业发展、人口繁衍发挥了基础支撑作用。据 18 世纪的文献记载，当时灵渠灌溉面积约数千亩。1938 年扬子江水利委员会调查统计灵渠保灌面积 8502 亩，大约能够反映灵渠历史灌溉规模。1949年之后，随着对灵渠工程的系统修复和灌溉体系的续建扩建，灵渠灌溉面积大幅增加。目前灵渠灌溉面积总计6.5万亩，包括水田40328亩、旱田24672亩，主要涉及兴安县的5个乡镇、共186个自然村，灌区人口5.9万人。灌区除种植水稻外，还种植了葡萄、柑橘、草莓等经济作物，农业年产值约13亿元。目前灵渠灌区已经成为兴安县主要农业产区。

（二）水运交通

水运交通功能是灵渠主要水利功能之一。灵渠是秦始皇为统一岭南、输送粮饷而命史禄开凿的运河，最初主要为军事目的。此后两千多年，灵渠一直是岭南地区与中原交流的水运交通战略通道，为岭南地区政治及社会稳定，以及区域间人口、经济和文化交流发挥了重要作用，直至1930年代湘桂铁路通车，灵渠作为跨流域运河的历史使命终结。目前灵渠上仍保留区段性的游船水运（见图5-2）。

图5-2　行船照片（1973年）

（三）生态环境及文化景观效益

灵渠作为跨流域水系连通工程，通过对区域水资源的调配进一步优化区域水资源条件和生态环境，塑造了灌区农业生态系统，具有显著的生态环境效益，同时也发挥分洪功能、缓解了汛期湘江的防洪压力。灵渠以其突出的历史文化和科技价值，成为当地主要文化旅游资源。2005 年灵渠水街正式开放，开启了灵渠旅游的序幕。2007 年灵渠景区正式开放。目前灵渠景区为国家 4A 级风景区，是兴安县标志性旅游地。2017 年兴安县旅游总人数 650.13 万人、旅游总收入 74.63 亿元，其中灵渠占相当部分。

第三节　灌溉工程遗产评估

一、世界灌溉工程遗产标准

按照国际灌排委员会的要求，申请世界灌溉工程遗产的工程历史须在 100 年以上，至今仍在发挥灌溉功能，工程形式可以是引水堰坝、蓄水灌溉工程、灌渠工程或水车、橘槔等原始提水灌溉设施等。除此之外，工程还必须在以下一个或几个方面具有突出价值：

（1）是灌溉农业发展的里程碑或转折点，为农业发展、粮食增产、农民增收做出了贡献；

（2）在工程设计、建设技术、工程规模、引水量、灌溉面积等方面（一方面或多方面）领先于其时代；

（3）增加粮食生产、改善农民生计、促进农村繁荣、减少贫困；

（4）在其建筑年代是一种创新；

（5）为当代工程理论和手段的发展做出了贡献；

（6）在工程设计和建设中注重环保；

（7）在其建筑年代属于工程奇迹；

（8）独特且具有建设性意义；

（9）具有文化传统或文明的烙印；

（10）是可持续性运营管理的经典范例。

目前世界灌溉工程遗产名录分为 A、B 两类，A 类为仍在发挥灌溉功能的遗产，B 类为已失去现实灌溉功能、但具有突出的历史科技价值的遗产。显然，灵渠的申报类型属于 A 类。

二、灵渠申遗条件分析

对照世界灌溉工程遗产三个方面的要求，分别分析灵渠申报的符合情况。

（一）工程历史

灵渠工程始建于公元前 214 年，其灌溉体系至晚至 12 世纪已形成规模，符合申报世界灌溉工程遗产的历史条件。

（二）工程类型

灵渠是复合型灌溉工程体系，包含堰坝、灌排渠系以及提水设施等多种工程形式。

（三）价值标准阐释

灵渠灌溉工程遗产符合以下申报标准。

1. 为区域灌溉农业发展、粮食增产、促进农村繁荣、农民增收做出了贡献

灵渠是具有综合效益的水利工程，在发挥水运交通功能的同时，也推动了地区灌溉农业的发展，并逐渐成为灵渠的主体功能。

由于灵渠运河的军事战略地位，屯田推动了早期兴安地区灌溉农业的初步发展。随着常住人口的增加，灌溉农业成为山多地少的兴安地区社会经济的基础支撑，12世纪后灵渠灌溉功能的地位越来越重要。1930年代后灌溉成为灵渠主要水利功能。目前灵渠已经成为兴安地区灌溉农业经济的重要支撑，为灌区粮食及经济作物生产、农村经济社会发展、农民增收发挥了不可替代的基础支撑作用。

2. 在工程设计、建设技术、工程规模等方面领先于其时代

灵渠在其建筑年代是一种创新，属于工程奇迹；独特且具有建设性意义。灵渠是最早的跨流域水利工程之一，在公元前3世纪即以其宏大的规划视野、精确的高程测量与水文测算、科学的渠首选址与渠道选线、巧妙的工程体系设计等，在复杂而独特的地形地貌之间运用原始的工程技术和传统材料工艺建造成功，跨越分水岭实现了长江流域与珠江流域之间的沟通，持续发挥水运、灌溉效益，工程体系、管理体系逐渐发展完善。灵渠是其所属建筑年代的工程奇迹，也是水利工程因地制宜、充分利用自然条件和极富想象力的规划设计科学性的完美融合。

3. 为当代工程理论和技术发展做出了贡献

在工程设计和建设中是注重生态环境保护的典范。灵渠科学、完善的工程体系规划，综合而充分地利用区域地形地貌、水系水资源条件，以最小工程量实现最大水利效益，并延续两千多年至今仍在发挥效益，这为当代水利工程的规划设计和建设运行提供了启示。灵渠水利工程是低影响开发的典范，工程规划建设充分体现了对自然地理环境影响最小的原则，延续运行两千多年，在发挥最大水运和灌溉效益的同时，不仅未对区域的自然地理环境产生不利

影响，而且通过对区域水资源的调配进一步优化区域水资源条件和生态环境，塑造了灌区农业生态系统。现代大型水利工程建设的环境影响是社会关注和争议焦点，灵渠则为此提供了规划设计理念和实践经验的经典案例。

4. 具有文化传统或文明的烙印

灵渠水利工程是秦始皇征战岭南、统一中国的产物，最初主要为军事目的，也因此被打上深深的时代烙印和军事文化特点，这是灵渠历史文化价值的重要组成部分。守护灵渠的军事堡垒"秦城"遗址尚在，守卫和管理灵渠的"陡军"后裔及祠堂、村落至今仍在，这些都突出反映了灵渠军事文化的特征。灵渠是秦王朝和中国大一统的标志性工程，为秦始皇统一中国和两千多年来岭南地区与中原之间的经济文化交流、民族融合发挥了不可替代的作用。灵渠水利工程的规划设计，也充分体现了人与自然和谐的中国传统治水哲学。

5. 是可持续运营管理的典范

灵渠延续运行两千多年，灌溉工程体系虽不断完善，但主体工程位置、体系布局及形式基本没有大的变动，持续发挥灌溉和水运效益。随着社会经济的发展，灵渠的水运功能逐渐蜕化、灌溉功能越来越突出，水利工程生命力则更加旺盛，充分体现了灵渠与时俱进、适应和服务社会发展的特点。灵渠水利工程持续两千多年，水利功能从未中断，工程体系的科学性和完善的管理维护，保障其水利功能的可持续发展。

综上所述，灵渠具备申报世界灌溉工程遗产的条件。

三、遗产价值综合阐释

灵渠作为历史悠久、地位突出、功能综合、延续发展至今的古代水利工程，其遗产价值主要体现在如下 4 个方面。

首先，灵渠是中国古代最著名的水利工程之一，灌溉历史悠久，至迟 12 世纪已有灵渠灌溉效益的明确记载。

灵渠始建于公元前 214 年，最初为秦始皇为统一岭南、输送粮饷开凿的运河，两千多年来一直是岭南地区与中原往来的交通要道，兼有灌溉效益。灵渠灌溉的明确记载最早见于 12 世纪，时任静江（即今桂林市）知府的李浩曾修治灵渠，在其墓志铭中记载"郡旧有灵渠，通漕运，且溉田甚广"。南宋地理学家周去非在其著作《岭外代答》（公元 1178 年）中也记载了灵渠的灌溉功能。说明当时灵渠的灌溉效益已经有一定规模。桂林地区山多地少，随着人口的不断增加，灵渠灌溉功能和效益越来越突出，成为区域重要的灌溉工程。元代记载灵渠为洪水冲溃，漕运阻塞、灌溉断绝，修复后漕运及灌溉功能得以恢复。公元 1386 年监察御史严震直主持大修灵渠，建"灌溉水涵二十四处"。15 世纪，成化年间的政府官员议论，将灵渠的灌溉功能已经提到水运之前。清代对灵渠灌溉更为重视，18 世纪修建北渠回龙堤、海阳堤，主要即为保障灌溉效益。古代没有对灵渠灌溉体系和规模的详细记载。1938 年扬子江水利委员会对灵渠进行系统勘测，调查统计当时灵渠保灌面积 8502 亩，大体能够反映灵渠历史灌溉情况。近代以来，为充分发挥灵渠的灌溉效益，在历史基础上对灵渠进行了全面修复，并维护、扩建和新建了几条灌溉支渠，维修改建部分灌溉堰坝，原有的灌溉筒车改为水轮泵，还修建了支灵水库等补充灵渠灌溉水源，使灵渠灌溉工程体系更为完善、灌溉效益大大提高。

其次，灵渠灌溉工程遗产构成体系完整，灌溉效益突出。

灵渠工程体系包括渠首枢纽、干渠工程、防洪工程、自流与提水灌溉体系等，规划科学、体系完备、特色鲜明，共同组成有机整体，发挥灌溉、水运等综合效益。灵渠的渠首枢纽位于湘江，由铧嘴和大小天平，以及南陡、北陡组成。铧嘴将湘江一分为二，再经大小天平分别导入北渠、南渠。大小天平合理的坝顶高程既能满足渠道通航、灌溉用水需要，又能使汛期大部分洪水溢流泄入湘江故道。南陡、北陡与铧嘴配合，共同调控南、北二渠分水比例。灵渠干渠包括北渠、南渠两段。北渠全长 3.25 千米，导水仍入湘江下游。南渠则穿越分水岭流入漓江，全长 33.15 千米，其中人工开凿段 4.1 千米、自然河道渠化段 29.05 千米。干渠上建有陡门来节制水流、通航船只，最多时有 36 座，其原理类似于现代船闸。为保障渠道防洪安全，渠上还修建 5 处泄水天平或溢流堰；关键渠段的堤防——秦堤 3.15 千米。灵渠的灌溉主要有自流和提水两种方式。自流灌溉包括无坝引水的水涵和有坝引水两种形式。明初修建的 24 处水涵，现在还有 2 处仍在使用。在一些渠段建有堰坝来壅高水位、控导水流，一方面能够蓄引渠水自流或提水灌溉，同时还留有船只通行的"堰门"。在渠低田高的地方，则普遍使用筒车、龙骨水车、水轮泵等提水灌溉。关于灵渠具体灌溉工程体系和设施分布，古代没有具体记载。1938 年时统计灵渠上自流灌溉渠道 13 条、堰坝 31 座、筒车 205 架。1949 年之后政府对灵渠灌溉体系进行了系统修复和扩建，灌溉效益大幅提升。目前直接自灵渠引水的灌溉支渠共计 18 条（北渠 4 条、南渠 14 条）、

总长 129.7 千米、总引水流量 14 立方米每秒，其中灌溉引水堰坝 7 座、水涵 2 处、引水闸 9 座，南渠上还保留水轮泵站 9 座（灌溉面积 745 亩）。灵渠总灌溉面积 6.5 万亩（北渠 4415 亩、南渠 60585 亩）。

第三，严格完善的管理制度是灵渠工程延续运用两千多年的基本保障。

由于灵渠在古代交通运输中的重要战略地位，历史上一直作为国家工程由政府管理维护，工程创建和重要大修，都由中央政府朝议、决策，明代定制"五年大修、三年小修"，清代又设渠长、渠目、陡夫等专人负责管理维护，保障工程安全和漕运畅通。维修经费或由中央拨款、或由地方政府筹集，清康熙年间还设渠田，以其收益作为管理人员工饷、祠庙经费。而对灵渠灌溉设施，向由地方政府和民间共同管理。堰坝、水涵和主要支渠一般由政府负责修建和维护，田间渠道、筒车等提水设施则由农民集体修建维护。清同治十年（公元 1871 年），兴安县政府为保护灵渠上的灌溉引水堰坝不被捕鱼鸟排毁损，专门规定不准放鸟入堰塘捉鱼并立碑禁示。目前灵渠灌溉依然延续政府和民间共同参与的管理模式。

第四，灵渠是具有灌溉、水运、生态、防洪等综合效益的水利工程。

灵渠建成后为当时秦国统一岭南奠定了基础，对中国历史进程产生了重要影响；此后一直是岭南地区与中原交流的水运交通战略通道，为区域间人口、经济和文化交流发挥了重要作用，直至 1930 年代湘桂铁路通车后灵渠水运历史终结。灵渠灌溉的历史非常悠久、效益突出，至晚至 12 世纪灵渠灌溉已达到一定规模，此后灌溉工程体系不断完善、灌溉面积不断扩大，为区域农业发展、人口增长和社会经济文化发展发挥了基础支撑作用。1949 年之后，随着对灵渠工程的系统修复和灌溉体系的续建扩建，灵渠灌溉面积大幅增加。目前灵渠灌区除种植水稻外，还包括葡萄、柑橘、草莓等经济作物，农业年产值约 13 亿元。灵渠作为跨流域水系连通工程，通过对区域水资源的调配进一步优化区域水资源条件和生态环境，塑造了灌区农业生态系统，具有显著的生态环境效益，同时也发挥分洪功能、缓解了汛期湘江的防洪压力。灵渠以其突出的历史文化和科技价值，成为当地主要文化旅游资源。2017 年兴安县旅游总人数 650.13 万人、旅游总收入 74.63 亿元，其中灵渠占相当部分。灵渠已经成为兴安县农业经济和旅游服务业发展的重要支撑。

第六章　灵渠的水利管理

灵渠水利工程的管理有其独特性。作为重要战略工程，规模不大的灵渠长期受到中央的重视，地方上有明确的管理机构、队伍负责工程维护、陡门运行，政府负责承担经费，设立有专门制度来维护工程安全，协调多方水利效益，规范行船与灌溉用水秩序。

第一节　管理机构

由于灵渠对岭南地区的重要作用，维修与管理历来得到各级行政机构的重视，上至中央政府，下至县官，都直接参与这项工作。隋唐以前，灵渠的开凿和大规模维修都与中央政府指挥的军事行动有关。秦代尉屠睢南征时的史禄凿渠，西汉时的戈船，下厉将军和东汉的伏波将军马援都属于中央特派性质，甚至到明初严震直修渠，也是中央政府直接委派的官吏。隋唐以后，南方地方行政机构强化，一般灵渠维修都由岭南地区的地方官吏承担。例如唐代的李渤，鱼孟威，宋代的边珝，李师中、朱希颜、李浩等都分别领观察使、防御使、转运使、提点刑狱和经略安抚使等官衔。元明清时，则多为两广总督、广西巡抚、巡按御史等负责，也有少数的由桂林知府和兴安知县来承办。由于这些管理级别大多数较高，权限很大，维修工程各方面的条件保证都较可靠，所以维修的进度和质量都能得到保障，这也是灵渠久运不衰的直接原因之一。灵渠的日常管理，自宋代就有明确记载，"两知县（灵川、兴安）系衔兼管灵渠，遇堙塞，以时疏导"。这种由地方官吏直接管理的办法是方便和有效的。

从文献中还可以发现，在一般情况下，灵渠还建立有正常的维修制度，《明实录》中明确记载，灵渠"向系五年大修，三年小修"。不这样安排，工程废弛日久，就会使航运受阻，运输陷入瘫痪，例如，沿海的盐不能运入，不仅使内地缺盐，而且，盐业生产也要受害。这样，坚持维修制度，就要动用部分盐业盈利作为正常维修的费用。可以见到灵渠与社会生产、生活的密切关系。

第二节 工程管理

历来灵渠就有一支专业的管理队伍。到清代，设渠长1人，渠目1人，每陡设陡夫2人。渠长、渠目由官府委任；陡夫则由渠长、渠目就近渠村民雇佣，直接受渠长、渠目的指挥。后来，只设渠目统领陡夫，而渠长一职不复任命。据传，这种管理制度明代即开始实行，明清两代的渠目都由三个姓氏的子孙接续担任。

渠目的主要任务是管理陡门的启闭。凡是有官船经过，事先由政府派人通知渠目，准备关陡蓄水，陡夫按渠目的部署按时候船通过。塞陡工具，包括陡杠、马脚、水井、陡箅等都由陡夫自己准备。民船过陡时，塞陡开陡都由船夫自理，陡夫只借给陡杠，其余塞陡工具则由船夫自备。

管渠人员的工饷，由兴安县政府发给，支给的报酬除银两外，还有稻米等物。兴安县为使经费有可靠来源，可以用各种行之有

效的办法。比如，康熙年间修渠后，曾用工程剩余公款买渠田 20 余亩，作为渠目、渠长和陡夫等的工饷来源。又买田 7 亩多，供祠庙香火。又把修渠剩余经费二百金存于兴安盐埠，政府每年收利息，以备平日小修使用。

第三节　管理制度

为使灵渠航运通畅，根据各种条件下出现的情况，由主管官吏发布告示，申明禁令或规定，是灵渠管理的一个重要方面。例如，道光元年，兴安西部砍伐树木严重，扎木排由灵渠通过，运往外地出售，结果，在狭窄的渠道中经常出现木材堵塞的现象，使得盐船等急需运输的物资受阻，损失重大。当时的主管官吏发布命令，刻在石碑上，称《禁止木簰出入陡河告示碑》，该碑最后一段碑文是："嗣后凡贩运木植，须循照旧定章程，由西延、大榕江一带行走，俾各相安无事，不得改由陡河逆运，致阻河道，有碍盐船，以及往来舟楫。其在省售卖，不许扎簰入陡。倘再抗违，故将木排霸占官河，以致争竞滋生事端，定即严拿办，决不宽贷。"民国十六年（公元 1927 年）也有一块内容大致相同的碑，叫作《严禁木排入陡河布告碑》，都是由行政主管长官发布的强制性规定。再如，在灵渠航行条件不好的区段，因组织安排不好，也常发生阻塞现象，使行船长时间不能通过。

为此，民国三年（公元 1914 年），当时道尹发布了一张《规定陡河行船办法布告》，刻在碑石上。布告说，按自古以来的惯例，在灵渠中往来船只"先到先开，后到者不许僭越"。但是，如果前船搁浅，又不肯退让，"后来之船，莫能开行，经旬累月，在船户坐耗伙食，徒滋亏累；在商家货物停滞……益受影响。若不设法变通，双方俱有不利"。于是，布告中规定："以后船只出入陡河，经过弯塘及大榕江、唐家市等处以上船，如前船没有浅搁之处，以两日为限，如不能开行，即将船只退下，让后来之船上驶，次第开行。如有不遵，禀官究治。"由于这些布告由政府长官发布，有法律效力，对解决航行中遇到的问题，无疑是有好处的。又由于这些布告是刻在石碑上的，所以又能长期保存，即或中间有松弛现象，对后来的管理也有借鉴和进行重新整顿的基础。

第四节　灌溉管理

灵渠灌溉工程设施，一直实行由地方政府和民间共同参与的管理模式。堰坝、水涵和主要支渠一般由政府负责修建和维护，田间渠道、筒车等提水设施则由农民集体修建维护。清同治十年（公元 1871 年），兴安县政府为保护灵渠上的灌溉引水堰坝不被捕鱼鸟排毁损，专门规定不准放鸟入堰塘捉鱼并立碑禁示：

"窃维粮田必须粮堰，粮堰灌润粮田，上关国课，下济农民，不可毁伤，所固然也。今我处照价堰（即赵家堰）及中堰以上各处堰塘，自先人呈究不准鸟排入境□□，毁伤粮堰，历来无异。突于今岁，有不法之徒文相弼兄弟叔侄等，恃能毁堰，放鸟捉鱼，反捏诬控。蒙县主吕除批示外，于七月初十日严拘讯结：文相弼捉鱼毁堰，伤课干例，殊属不合。自后鸟排永远不敢恃强入各处堰塘堰坝，放鸟捉鱼；倘有不遵，许胡姓等拘送严究，各宜遵□，断不敢故违。

抄县主□□原批录□□拘文相弼批：查县城祀典，并为渔夫供给部司。文相弼□□藉词恃强，如果属实，候查案分别禁□□。□□胡本连批：候差传讯究。□□讯后又禀批：此案早经讯断，文相弼尚敢违抗，殊属不法已极，候再差拘讯究。

同治十年十二月吉日立□□讨得李家田文姓山场刊刻碑一块。"

目前灵渠灌溉水利工程管理，依然实行政府和民间共同参与的管理模式。县水利局负责灌溉支渠和主要控制工程的维护，田间渠道、水轮泵及田间控制工程则由灌区农村集体负责维修管护。由于水资源较为丰富，灌溉用水分配大体实行按需取水的原则，由灌区农田受益者自行安排。

第七章　灵渠治水名人

灵渠两千多年水利发展历史中，涌现出众多著名的治水人物，这些治水名人及其事迹、贡献，是灵渠水文化的重要内容。此处分时期择要简介。

第一节　秦汉时期

一、史禄

史禄，唐代以前一般称"监禄"，秦朝人，名禄，姓氏不可考。"史"和"监"都是其曾经担任的监郡御史一职的简称，秦始皇南征百越那年，史禄大约三四十岁。相传其祖先为越人，入赘咸阳。到了"禄"这一代，步入仕途。也有传说其籍贯为江西，他是以"揭"为姓氏的祖先。但是这些传说都没有可靠的证据。史禄最早为官担任汉中郡荆山道丞，大约在秦始皇二十六年，转任洞庭郡迁陵县守，在担任迁陵县长官的一年多时间，尽职尽责，筹措军粮和军需物资，业绩突出，于始皇二十七年被提升为洞庭郡的监郡御史。

在进军岭南的准备过程中，史禄负责大军的粮草供应，史禄认为越城岭是秦军进入岭南道路上后勤运输的主要障碍，始皇二十九年，史禄开始勘测和测量，研究开凿灵渠的可行性。此时，

秦始皇南巡到达苍梧，于是命史禄（监禄）主持开凿灵渠转饷。秦始皇三十年，秦军以尉屠睢为统帅，进军岭南，开始大规模开凿灵渠。经过四年的努力，灵渠工程于秦始皇三十三年基本建成。史禄的最后结局，历史并无记载。传说，秦始皇对岭南的战争结束后，史禄留任揭岭长，相当于一个小县的县令。又传说西汉时的揭阳令史定是其后人，因史定后被赐姓揭，为揭姓祖先。所以，史禄也被传说为揭姓始祖。

宋周去非《岭外代答·地理门·灵渠》曾评价史禄的贡献："尝观禄之遗迹，窃叹始皇之猜忍，其余威能冈水行舟，万世之下乃赖之。岂唯始皇，禄亦人杰矣。"灵渠工程，能流传千古，不仅有始皇的功劳，禄也是人杰。史禄不仅是秦代的水利专家，也是中国古代著名的水利家，中国古代伟大的治水先贤之一，为中国古代水利技术的成就和发展做出了卓越的贡献。史禄凿渠建功，历代有口皆碑，兴安百姓为纪念他，尊他为修建灵渠有功的"四贤"之首，并为之建有史禄庙，现存有塑像于灵渠四贤祠内。

二、马援

马援（公元前14年—公元49年）东汉扶风武陵（今陵西兴平）人，字文渊，汉族，东汉名将、开国功臣之一。少有大志，因功累官伏波将军，封新息侯。

东汉建武十六年（公元40年），汉交趾郡麊泠县（今越南北部，属河内市）雒将之女征侧、征贰姐妹起兵叛汉，攻陷岭南60余城，自立为王；建武十七年，光武帝拜马援为伏波将军南征征侧。《后汉书·马援列传》记载，"……援将楼船大小二千余艘，战士二万余人，进击九真贼征侧余党都羊……"。马援南下的行军路线，主要是从湘江水路经灵渠转入漓江下桂江，再沿西江至合浦港，开辟了广西、广东经南流江至合浦通往交趾（越南）的交通路线。到达合浦港后，再"缘海而进，随山刊道千余里"，进入越南腹地。公元43年初，征侧、征贰被擒，岭南叛乱宣告平定。马援平定交趾后，又将汉朝的疆土往南推进了许多，并且在最南端的日南郡象林县（汉日南郡属县，在今越南岘港以南武嘉河之南）南界，立铜柱为界。还参照汉代法律，对越律进行了整理，修正了越律与汉律相互矛盾的地方，并向当地人申明，以便约束。从此之后，当地始终遵行马援所申法律，所谓"奉行马将军故事"。

马援班师回朝后，因战功卓著，被封新息侯。马援一生不仅身经百战、战功累累；而且关心士卒，爱护百姓。在南征交趾期间，还注意为当地修缮城郭，穿渠灌溉，造福百姓。深得越人臣服。他常说："丈夫为志，穷且益坚，老当益壮。"又言："男儿当死于边野，以马革裹尸还葬耳！"每得赏赐，必分与众人。马援是中国历史上难得的将才，由于他的丰功伟绩和崇高品德，深得后世敬仰，以致整个广西地区普遍存在伏波崇拜现象。

马援南征时，所率2万楼船之士从洞庭湖溯湘江而上，到兴安县境内时，灵渠因年久失修，已经破败不堪，难以通航。为保证军需运输，马援便督率士卒整修、疏通灵渠。兴安民间还流传有"伏波将军马援卖马修桥"的故事。灵渠两岸百姓为了表彰他重修灵渠的功绩，尊他为修浚灵渠有功的"四贤"之一，历史上曾建有伏波祠以供奉他，现仍有塑像立于灵渠四贤祠内。灵渠铧嘴上还保存有明朝万历十七年（公元1589年）兴安县令梁梦雷所题的"伏波遗址"石碑。

第二节　唐宋时期

一、李渤

李渤（公元 772—831 年），字浚之，洛阳人。中唐著名诗人、政治家，早年隐居庐山。工诗文，书、画俱佳。唐敬宗宝历元年（公元 825 年），李渤出为桂州（桂林）刺史、御史中丞、桂管防御观察使。他对修复灵渠十分重视，上任不久即视察灵渠，灵渠由于开凿于秦代，年代久远，到了中唐时期，河堤崩溃，陡门俱坏。《新唐书·李渤传》记载：灵渠"后为江水溃毁，渠遂废浅，每转饷，役数十户济一艘。"为了征集民夫拉船，灵渠附近的青壮年都被抓走了，致使田地荒芜，民不聊生。上任之初，正值干旱，不少人离家出走，另谋生计。李渤决定重修灵渠，他亲自带领工程技术人员到灵渠考察，设计修建了铧堤，将海洋河的水流劈分为两半，使之成为缓慢的旁流，分别汇入南、北渠，减小了水流对拦河坝的冲击。对灵渠河道"重为疏引、仍增旧迹，以利行舟"。重修了堤坝，恢复了陡门，使灵渠更便于行船和农田灌溉。他还在县城一段灵渠之上建了广西历史上有记载的第一座石拱桥——万里桥，以便百姓往来。

李渤在桂林前后四年，曾为当地人民做了不少好事，并留下了许多遗迹。他勤政爱民，兴利革弊，设常平仓以"调节粮价，备荒赈恤"；修建园林，开发隐山、南溪山，并作《南溪诗并序》刻于南溪山玄岩北壁。

后因病辞官归洛阳，唐文宗太和五年（公元 831 年）以太子宾客召至京师，一月后病卒。时年五十九，死后被追赠礼部尚书。兴安百姓为纪念他，尊他为修浚灵渠有功的四贤之一，将他的塑像立于灵渠四贤祠内。在桂林则将他供奉于"七公祠"。

二、鱼孟威

鱼孟威，生平不详，唐咸通九年（公元868年），自黔南迁任桂州刺史。途经兴安，见灵渠毁坏，百姓生产生活十分艰苦，而当地官员却以资金困难为理由不予修渠。他质问道："父慈于子，孰有子病而为家贫不医救之乎？"遂于当年九月兴工修渠，次年十月工程告竣，历时一年有余。总计用工53000人次，费钱530余万，一改前人采用"杂束筱为堰，间散木为门"的办法，"其铧堤悉用巨石堆积，延至四十里"，"其斗（陡）门悉用坚木排竖，至十八重。"灵渠修竣，"虽百斛大舸，一夫可涉"。在工程技术上和施工质量上都有了新的进步，航运能力也大幅提高。此后，"科徭顿息，来往无滞"航运通畅，百姓安居乐业。

他还写下了《桂州重修灵渠记》一文，详细记载了李渤和他本人先后主持的两次灵渠大修情况，是详细记载灵渠工程维修的第一篇文章，十分珍贵。他在文章的结尾写道："余所记重修，又非为名，且要叙民之艰苦实由斯渠，冀后之居者不阙其修，行者不毁其修，长利民而已矣"，指出当地百姓的艰苦与灵渠息息相关，希望后来的执政者不间断地维修灵渠，过往的人员不损坏灵渠，体现了对百姓和灵渠的拳拳爱心。后人为表彰其功，尊为"四贤"之一，塑像供奉于四贤祠。

三、李师中

李师中（公元 1013—1078 年），字诚之，楚丘（今山东曹县）人，宋仁宗嘉祐三年（公元 1058 年）九月，任广西提点刑狱，摄帅事。其时灵渠年久失修，渐至颓废。嘉祐四年（公元 1059 年），仁宗下诏李师中以提刑兼领河渠事。他兼管水利后，即对灵渠进行调查，发现灵渠渠底遍布礁石，绵延数十里不断，这些礁石阻挡船只航行，并威胁来往船只的安全。于是他决定凿去礁石，委派张竞、王怀玉和孙约三人，率领 1400 民工，用"燎石以攻"（即火烧岩石至热再浇以冷水）的办法，将岩石爆裂清除，经过 34 天艰苦劳动，礁石大部分清除，河床得以平整，并修复了毁坏的陡门，将陡门增至 36 座，于是"舟楫以通"。

在没有炸药的情况下，用"燎石"快捷的施工方法来清除礁石和加深河床，李师中为第一人。而陡门也比唐时增加了一倍，提水级数增多，水位相应提高，便于载重更大的船只通航。完成了灵渠历史上第四次大修。李师中修治灵渠决心之大，速度之快，确实令人佩服。他还写下《兴安灵渠》一诗，以表心迹："粤岭限南天设险，秦通舟楫凿嵯峨。若将毫发驱山石，移就斯渠利更多。"由于李师中对灵渠的重大贡献，后人将其列于四贤之后，配祀于四贤祠。

第三节　元明清时期

一、也儿吉尼

也儿吉尼，《兴安县志》等地方文献曾误作"乜儿吉尼"，《元史》、《广西通志》及《桂林府志》均作"也儿吉尼"，生卒不详。字尚文。西夏（今青藏地区）唐兀氏人，世居宁夏。党项人的后裔，归顺元朝。曾任宫中谏官，供职中正院。元顺帝初年，出任广西道肃政廉访副使。至正二十二年（公元 1362 年）充广西行中书省，授银青荣禄大夫平章政事。至正十三年（公元 1353 年）夏，兴安山水暴涨，灵渠堤坝陡崩，河水湍急，堤坝屡筑不成。也儿吉尼既担心恢复不了堤坝，又同情老百姓困难，于是捐禄钱五千缗，命静江路判官王惟让、宪使张文显主持施工，于至正十四年（公元 1354 年）九月动工，次年正月竣工，用工 148000 余。同时，他还扩建了灵济庙（四贤祠）。

也尔吉尼在桂十余年，重兴礼教，营建学宫，修浚灵渠，架设桂林阳桥，修缮舜祠，建南董亭。又通盐法，造船买马，疏通驿政。做了许多好事，后人为了纪念他，在兴安"四贤祠"旁建黑神祠以祀。

二、严震直

严震直（公元 1344—1402 年），初名子敏，字震直，乌程（今浙江吴兴织里镇骥村人）人。明代名宦，累官工部尚书。在工部尚书任内管理有方，体恤民情，多次雪洗冤案，后因坐事降职为

御史。

洪武二十八年（公元 1395 年），出使安南。是年，广西南丹、龙州等少数民族起义反明。明王朝决定对起义者出兵镇压。委派已经罢官归家的原兵部尚书唐铎为广西参议，谋划征讨事宜。唐铎路经兴安，见灵渠年久失修，无法运输军粮和给养，就向朱元璋建议修复灵渠。朱元璋便敕令严震直修渠。严震直接旨后，亲自沿渠调查，访问历代灵渠兴废缘由及维修方法，准备修渠木石等材料，征集民工 9110 多人，于洪武二十九年（公元 1396 年）九月十一日正式动工，同年十一月底告成。

这次维修，为了增加南北二渠的水量，他重修了大小天平 42 米，取消了天平上的鱼鳞石，改筑为石堤，将天平加高了 1 米，加宽了 18 米，还修了秦石堤 15 米，龙母祠前堤岸 84 米，陡门 36 座，疏通渠道 17196 米。并用李师中"燎石以攻"的办法，清除渠内礁石，还在秦堤修了灌田水涵 24 个，这些水涵都修在保持航水量的水平线上，水量超过通航需要，即由水涵流出灌田。此外，还修了泄水天平和白云、攀桂两座石拱桥，此次维修共投入 72880 余工，用去石板 28130 块，桩木 15500 根，石灰 337450 公斤。

灵渠修通后，明军的大批军饷通过灵渠南运，边民起义很快被镇压，洪武三十年（公元 1397 年）四月，严震直也因功被升为右都御史。

严震直在完成灵渠修复工程之后，有感而发，写下了《筑兴安堤》一诗，其中"桃花满路落红雨，柳柳夹堤生翠烟"的句子，是描写灵渠春天景色的经典佳句。

三、陈元龙

陈元龙（公元 1652—1692 年），浙江海宁人，字广陵，号乾斋。康熙二十四年（公元 1685 年）进士，授翰林院编修，官至工部尚书、文渊阁大学士兼礼部尚书、太子太傅。卒谥文简，著有《爱日堂文集》传世。

陈元龙于康熙五十年（公元 1711 年）八月任广西巡抚。在广西任职七年，政绩显著，贪官怕他，老百姓怀念他。康熙五十三年（公元 1714 年），灵渠遭遇特大山洪，天平坝、飞来石一带渠堤倾决殆尽。36 座陡门仅有 14 座留有遗迹，其余均荡然无存。陈元龙在亲自视察灵渠惨状之后，担心若不及时抢修，恐怕中断楚越之间的舟楫往来，影响农田灌溉，危及百姓生计，后果不堪设想。于是毅然亲率官员捐一年俸金 1200 两整修灵渠，集匠卒数千人，由桂林军盐分府黄之孝督修。当年初冬开工，次年中冬竣工。将全州至兴安、灵川、桂林的河滩恶石凿除，重修了大小天平，改鱼鳞石为长石直竖，重修了堤岸及陡门 22 座，并用剩余经费买渠田 20 余亩，为渠目、渠长 2 食，添设陡夫 12 名。重建分水塘灵济庙，买田 7 亩有余，供祠庙香火，以二百金存兴安盐埠，官岁攻其息以备无时小修。"尽复汉马援、唐李渤故迹"。陈元龙这次捐款修渠，是清朝初年规模最大的一次。他不仅重修了灵渠，还专门购置了渠田作为陡夫的口粮来源，增设了陡夫，稳定了灵渠管理队伍。可以说是清朝初年对灵渠贡献最大的一位。

四、鄂尔泰

鄂尔泰（公元 1677—1745 年），清满洲镶蓝旗人，西林觉罗氏，

字毅庵。康熙举人。任内务府员外郎。雍正三年（公元1725年）迁广西巡抚，次年调任云贵总督，兼辖广西。

雍正八年（公元1730年）任云贵广西总督，与广西巡抚金鉷奉旨"发帑"重修灵渠。主要修补18座陡门和渠堤。凿去滩石149处，创建海阳石堤一道，长76丈，高6尺，宽1丈2尺，另修月坝一道以护内堤，在此渠下游挖支渠一道，长72丈，宽3丈，深1丈5尺，以泄洪。

五、杨应琚

杨应琚（公元1696—1766年），字佩之，号松门。青海西宁人，祖籍辽海汉军正白旗人。乾隆十九年至二十二年（公元1754—1757年），奉旨接替策楞担任两广总督，期间奏准用帑金8800余两整修灵渠和临桂相思埭。其中灵渠用去4900余两。在任期间，他曾先后上疏请练水师，筹军食，修滩水陡河堤坝，贮柳、桂、庆、梧余盐，均获批准。修渠时，桂、平、梧、都观察使富明安任总修官，庆远府司马查礼为协修官，兴安知县渠奇通为承修官。这次主要整修大小天平，用松桩打基，上用青石密砌，两石相接处，用石铁锭钤锢；修护成堤二道。

第八章　灵渠水利文献

历代记录灵渠治水活动的文献、与灵渠有关的诗词歌赋作品、碑刻题刻等众多，为我们留下了丰富的历史资料，同时也是灵渠水文化的重要内容。

第一节　重要历史记载

一、汉代

（秦皇）又利越之犀角、象齿、翡翠、珠玑，乃使尉屠睢发卒五十万为五军：一军塞镡城之岭，一军守九嶷之塞，一军处番禺之都，一军守南野之界，一军结余干之水，三年不解甲弛弩。使监禄无以转饷，又以卒凿渠而通粮道，以与越人战。

汉·刘安《淮南子·卷十八·人间训》

又使尉屠睢将楼船之士南攻百越，使监禄凿渠运粮，深入越，越人遁逃。旷日持久，粮食绝乏，越人击之，秦兵大败。秦乃使尉佗将卒以戍越。

汉·司马迁《史记·卷一百一十二·平津侯主父列传》

三十三年，发诸尝逋亡人、赘婿、贾人略取陆梁地，为桂林、象郡、南海，以适遣戍。

汉·司马迁《史记·卷六·秦始皇本纪第六》

臣闻长老言，秦之时尝使尉屠睢击越，又使监禄凿渠通道。越人逃入深山林丛，不可得攻。留军屯守空地，旷日引久，士卒劳倦，越出击之。秦兵大破，乃发适戍以备之。

汉·班固《汉书·卷六十四上·严助传》

（元鼎）五年（公元前 112 年），……夏四月，南越王相吕嘉反，杀汉使者及其王、王太后。……遣伏波将军路博德出桂阳，下湟水；楼船将军杨仆出豫章，下浈水；归义越侯严为戈船将军，出零陵，下离水；甲为下濑将军，下苍梧。皆将罪人，江、淮以南楼船十万人，越驰义侯遗别将巴、蜀罪人，发夜郎兵，下牂柯江，咸会番禺。

汉·班固《汉书·卷六·武帝纪》

二、唐宋

全义县漓、湘二水分流处。相传曰：后汉伏波将军马援开川浚济，水急曲折回互，用遏其节，节斗（陡）门以驻其势。有伏波庙在县侧。又按：后汉郑弘奏，交趾七郡贡钱从东泛海，多没溺，请开桂岭灵渠。后御史史禄重开辟。又按：前汉武帝元鼎五年，命伏波将军路博德、楼船将军杨仆、戈船将军严助击南越，吕嘉戈船出零陵，下漓水。此则前汉岭首已通舟楫，明矣。焉得至后汉马援、郑弘开灵渠？于理未尽。言马、郑重修则可，云创辟则于义有乖。休符驳。

唐·莫休符《桂林风土记·灵渠》

李渤，字浚之……桂有漓水，出海阳（洋）山，世言秦命史禄伐粤，凿为漕，马援讨征侧，复治以通馈；后为江水溃毁，渠遂废浅，每转饷，役数十户济一艘。渤酾浚旧道，障泄有宜，舟楫利焉。

宋·欧阳修、宋祁等《新唐书·卷一百一十八·列传第四十三》

漓水《临桂图经》曰：漓水，出县南二十里柘山之阴，西北流至县西南合零渠五里，始分为二水，昔秦命御史监史禄自零陵凿渠，出零陵下漓水是也。《郡国志》称：后汉伏波将军马援开湘水为渠六十里穿度城，今城南流者，是因秦旧渎耳。至宝历初，渠道崩坏，舟楫不通，观察使李渤遂叠石造堤分二水，每水置石陡门一使制之，在人开闭，开漓水，则全入于桂江，壅桂江，则尽归于湘水。

宋·李昉等著《太平御览》卷六十五《地部》三十引《郡国志》

嘉祐三年，诏置都水监。明年，以诸道提点刑狱兼领河渠事。既被命莅粤，图所以称明诏。按广西、湖南，旧阻岭弗接。秦史禄导海阳（洋）山水，逆为石矶以激水，分岭而下，会湘桂二水合为一。北通京师，南入于海。厥功弗穷，石亘数十里不绝。自秦迄今千余年，强民力为堤、为陡门，以制水于石上。水渐而至，号曰渠。是渠也，寖以堙废，公私患之。至是定计以闻。遂发遣县夫千四百人，授张竞曰："往营之！动而免险，功斯济矣。"

兢与石怀玉、孙约等，亲率其徒，燎石以攻，既导既辟，作三十四日乃成废陡门三十六，舟楫以通。李师中、马仲芳实领其事。于乎！惟至诚能通万物之阻。古之君子，德行常简易。易有尚、往有功者，其心亨。兴渠之利不足云。朝廷稽古建官，为万万世计。推此以观，天下六府三事，庶乎可治也已。故敢书以告来者。

宋·李师中《重修灵渠记》

"湘漓二水，皆出灵川之海阳，行百里，分南北下。北下曰湘，稠滩急泷。又二千里至长沙，水始缓。南下曰漓，名滩三百六十。又千二百里至番禺以入海。又曰：灵渠在桂之兴安县，秦始皇戍岭时，史禄凿此以运之遗迹。湘水源于云泉之阳海山，在此下灉江，烊阿下流，本南下广西兴安，水行其间，地势最高，二水远不相谋。禄始作此渠，派湘之流而注之灉，使北水南合，北舟踰岭。其作渠之法，于湘流砂磕中垒石作铧嘴，锐其前，逆分湘流为两，激之，六十里行渠中，以入灉江，与俱南。渠绕兴安界，深不数尺，广丈余。六十里间，置陡门三十六，土人但谓之斗。舟入一斗，则复闸斗，伺水积渐进，故能循崖而上，建瓴而下，千斛之舟，亦可往来。治水巧妙，无如灵渠者。"

宋·司马光《桂海虞衡志·灵渠》

湘水之源，本北出湖南。融江，本南入广西。期间地势最高者，静江府之兴安县也。昔始皇帝南戍五岭，史禄于湘源上流漓水一派，凿渠踰兴安而南注于融，以便于运饷。盖北水南流，北舟踰岭，可以为难矣。禄之凿渠也，于上流砂碛中叠石作铧觜（嘴），锐其前，逆分湘水为两。依山筑堤为溜渠，巧激十里而至平陆，遂凿渠绕山曲，凡行六十里，乃至融江而俱南。今桂水名漓者，言漓湘之一派而来也。曰湘曰漓，往往行人于此销魂。自铧觜（嘴）分水入渠，循堤而行二里许，有泄水滩。苟无此滩，则春水怒生，势能害堤，而水不南；以有滩杀水猛势，故堤不坏，而渠得以溜湘余水缓达于融，可以为巧矣！渠水绕迤兴安县，民田赖之。深不数尺，广可二丈，足泛千斛之舟。渠内置斗（陡）门三十有六，每舟入一斗（陡）门，则复闸之，俟水积而舟以渐进，故能循崖而上，建瓴而下，以通南北之舟楫。尝观禄之遗迹，窃叹始皇之猜忍，其余威能冈水行舟，万世之下乃赖之。岂唯始皇，禄亦人杰矣。因名曰灵渠。

南宋·周去非《岭外代答·卷一·灵渠》

三、元明清

广西水：灵渠源即离水，在桂州兴安县之北，经县郭而南。其初乃秦史禄所凿，以下兵于南越者。至汉，归义侯严出零陵离水，即此渠也；马伏波南征之师，饷道亦出于此。唐宝历初，观察使李渤立陡门以通漕舟。宋初，计使边翊始修之。嘉祐四年，提刑李师中领河渠事重辟，发近县夫千四百人，作三十四日，乃成。

绍兴二十九年，臣僚言："广西旧有灵渠，抵接全州大江，其渠近百余里，自静江府经灵川、兴安两县。昔年并令两知县系衔兼管灵渠，遇堙塞以时疏导，秩满无阙，例减举员。兵兴以来，县道苟且，不加之意；吏部差注，亦不复系衔，渠日浅涩，不胜重载。乞令广西转运司措置修复，俾通漕运，仍俾两邑今系衔兼管，务要修治。"从之。

元·脱脱《宋史·卷九十七·河渠志第五十·河渠七》

李师中，字诚之。楚丘人。……提点广西刑狱。桂州灵渠，故通漕，岁久石窒舟滞。师中即焚石，凿而通之。

元·脱脱《宋史·卷三三二·李师中传》

以直宝文阁知静江府兼广西安抚。有尚书郎入对，论及择帅事，上曰："如广西，朕已得李浩矣。"又谕大臣曰："李浩营田议甚可行。"大臣莫有应者。浩至郡，旧有灵渠通漕运及灌溉，岁久不治，命疏而通之，民赖其利。

元·脱脱《宋史·卷三百八十八·列传第一百四十七》

永乐二年二月己丑，改筑广西兴安县分水塘。县有江、源出海洋山下，而趋北流，旧于江中横砌石堨，分水为二渠：南渠通海，北渠通湖广，可行舟楫，溉民田，为利甚薄。旧于堨上垒石如鱼鳞，以防涨溢冲激之患，或有损坏，随宜修葺，民不为劳。洪武中，巡按监察御史严震直欲广河流，撤去鱼鳞石，增高石堨。遇水泛，势无所泄，冲塘决岸，奔趋北渠，而南渠浅涩，行舟不通，田失灌溉。连年修筑，百姓苦之。至是具言："乞改作如旧为便。"从之。

明《太宗实录·卷二八》

洪武……四年修兴安灵渠，为陡渠者三十六。渠水发海洋山，秦时凿，溉田万顷。马援葺之，后圮。

清·张廷玉《明史·卷八十八·志第六十四·河渠六》

严震直，字子敏，乌程人。　……二十八年讨龙州，使震直偕尚书任亨泰谕安南。还，条奏利病，称旨。寻命修广西兴安县灵渠。审度地势，导湘、漓二江，浚渠五千余丈，筑溁潭及龙母祠土堤百五十余丈，又增高中江石堤，建陡闸三十有六，凿去滩石之碍舟者，漕运悉通。归奏，帝称善。

清·张廷玉《明史·卷一百五十一·列传第三十九》

也儿吉尼，字尚文。唐兀氏人。至正间（公元1341—1368年），授广西行中书省平章政事，兼肃政廉访使。十三年（公元1353）夏，山水暴至，堤圮陡溃；渠流大涸，屡筑不成。吉尼悼功之不成，悯民之重困，捐禄钱五千缗，饬静江路判官王惟让领其役，以宪使张文显专督之，期年工竣。——今祀灵济祠。

清·黄海《兴安县志·卷六〈职官志·名宦〉》

雍正八年（公元1730年）议准：修葺临桂县黄泥等十三陡，凿石九处；开凿雒容县陆路；又修兴安县至全州一带河道，修整旧陡三十六处；以资转运米谷，灌溉田亩。［十年（公元1732年）又覆准，临桂县修筑鲢鱼等二十陡，每陡设夫二名，共设夫四十名。东西两陡各设渠目一名，每名岁各给工食银六两。照兴安县陡河之例，拨岁修银六十两，于存公银内动支，以备分修之用，年终造报核销。又兴安县二十三陡，除旧设夫四十六名外，增设夫一名。［乾隆］五年（公元1740年）］覆准：兴安县马石桥设立闸版，并设陡军二名，专司启闭，每名岁给工食银六两，遇闰加增。又每年增设岁修银二两。十一年（公元1746年）议准：筑复兴安县三里桥等处陡门四座，疏浚分水潭等处河道，并修砌堤埂。新增四陡，设陡夫八名，以司启闭，岁给工食银四十八两。三十年（公元1765年）奏准：兴安县修复牛路、灵山、星桥三陡，并将星桥陡移建

于桥内数丈地方，又筑岔河石坝。每陡复设陡夫二名，共夫六名，专司启闭，每名岁给工食银六两，遇闰加增。又每陡每岁给塞水器具银一两。均在于司库闲款内动支。三十二年（公元1767年）覆准：兴安县境内竹头陡，为冲要地。旧陡及土埂，岸直陡横，形同方角，将石陡砌成斜长石磡，并将旧坝土岸改用石工。

清·托津等《大清会典事例》卷七〇三

【考订】"雍正八年（公元1730年）……又修兴安至全州一带河道，修整旧陡三十六处"，疑误。考鄂尔泰《重修桂林府东西二陡河记》、张钺《重修兴安临桂二陡河记》、鄂昌《海阳庙碑记》，都说当时重修灵渠，仅修复陡门十八处。而鄂尔泰和张钺，都是当时主持修渠的高级官吏，他们的记载是比较可信的。

第二节　灵渠历史碑刻题刻

一、重要碑刻题刻遗存情况

宋庆历五年（公元1045年），秦晟重修《黄龙堤记》摩崖，刻于飞来石，字有缺损。

宋翔题"虹如"二字摩崖，刻在飞来石上，保存完整。[①]

元至正十五年（公元1355年），黄裳《灵济庙记》碑，现存放四贤祠，已部分损毁。

明洪武二十九年（公元1396年），严震直《修渠记》摩崖，

---

①此处题刻未落年代，疑题字者为南宋绍兴年间进士宋翔，曾任湖南司帅参议官。

刻在飞来石上，字有缺损。

明万历十七年（公元 1589 年），梁梦雷题"伏波遗迹"字碑，现立于分水塘铧嘴，保存完整。

明万历十七年（公元 1589 年），梁梦雷题"砥柱石"三字摩崖，刻在飞来石上，保存完整。

明永历六年（公元 1652 年），肖道隆题"夜月潭辉"四字摩崖，刻在飞来石上，保存完整。

明万历三十五年（公元 1607 年）《改建阳城记碑》，保存在四贤祠院内，尚完好。

清康熙四年（公元 1665 年），浙西曹林韵书"飞来石"刻在飞来石上，保存完整。

清康熙二十五年（公元 1686 年），范承勋《重修兴安灵渠记》刻于飞来石，字有损毁。

清康熙五十四年（公元 1715 年），陈元龙《灵渠凿石开滩记》碑和《重建灵渠石堤陡门碑》，现存放四贤祠，保存完整。

清乾隆十一年（公元 1746 年），鄂昌题"分水亭"字碑，立于分水塘龙王庙遗址，保存完整。

清乾隆二十年（公元 1755 年），查礼题"灵渠"二大字摩崖，刻在飞来石上，保存完整。

清乾隆二十年（公元 1755 年），杨应琚《修复兴安陡河记》碑，现存放四贤祠，保存完整。

清乾隆二十年（公元 1755 年），梁奇通《重修兴安陡河记》碑，现存放四贤祠，保存完整。

清乾隆五十六年（公元 1791 年），查淳题"湘漓分派"字碑，立于分水塘铧嘴，1987 年被火烧毁字面，现碑藏四贤祠，铧嘴所

立为复制品。

清嘉庆二十五年（公元 1820 年），赵慎畛《重修陡河记》碑，现存放四贤祠，保存完整。

清同治四年（公元 1865 年），《大溶江义学碑》，在四贤祠院内，尚好。

清光绪十四年（公元 1888 年），陈凤楼《修兴安陡河记》碑，现存放四贤祠，保存完整。

民国五年（公元 1916 年），兴安县知事吕德慎劣政碑，在四贤祠院内，尚好。

民国十六年（公元 1927 年），《禁止在灵渠架渔梁捉鱼布告碑》，在四贤祠院内，尚好。

民国三十二年（公元 1943 年），李济深题"秦堤"碑，立于飞来石边，保存完整。

1963 年，郭沫若题《满江红·灵渠》词碑，现立于南陡鲤鱼洲，保存完整。

此外，在四贤祠院内保存有民国年间彭学滼的《杏亭记》，李时济的题诗，张鼎星等 6 人题诗，王赞斌、胡乐天等 4 人为灵渠篆刻的楹联四副等石刻。

二、主要水利碑文录

（一）禁止木簰出入陡河告示

清·阮　元

道光元年四月禀奉　两广总督部堂阮、广西巡抚部院赵、兼署按察使司继、两广盐运使司查、署理盐法道翟、署桂林正堂郎、兴安县正堂余严禁木簰永远不许出入陡河。

钦命广西等处承宣布政使司布政使、兼署按察使司印务、随带加一级、纪录十二次、军功记录二次继钦命分巡右江兵备道、管辖思恩、百色等处地方、署理桂平梧郁盐法道、加三级、又加一级、纪录五次翟为严禁木簰入陡阻运，以便商旅事：照得兴安县陡河，上通省城，下达全州，为粤省咽喉要路，官商船只，络绎不绝。临全埠行盐办饷，国课攸关，更赖此一线河身。为销运之地，岂容阻塞，致滞行旅，而误课程。本年四月，据埠商李念德具禀，木簰不遵故道行走，拦入陡河，梗塞河路，致将盐船碰翻，并被棍徒乘机将盐搬抢，等情，恳请示禁前来。当查木簰行走，既有一定章程，自不便任其紊乱，肇衅滋事。随饬县查覆。去后，兹据兴安县禀称：查得兴安西乡所出木植，其附近全州西延一带，向系由山路运至兴安县五排，再由五排山路运至西延河下，扎簰至楚销售。所有兴安六峒、华江一带山树，均系放至大溶江大河，扎簰运省发卖，向无陡河行走之事。近年以来，因往省售卖。不敷工本，运至楚省，可获微利。除陡河之外，别无河道可通。此木簰现由陡河行走之情形也。核与埠商所禀相符。本司道查陡河河身本窄，蓄水无多，如一叶扁舟，行走已为不易。况成簰木料，岂易遄行？乃遂一二人牟利之私，阻千万人经由之路。既经查明兴安等处所出木植，系由西延、大溶江一带放运，向不入陡行走，旧章久定，何得妄更。该木商等贪图微利，溯上流不循故道，致使盐船挽运不前，估客征帆望洋兴叹，诚属阻隔官路，肆意妄行。自应严行示禁，以资利济，而便行旅。除详明两院宪、并行桂林府转饬兴安县勒拘抢盐人犯，务获究追详办外，合行出示严禁。为此示仰商民人等

知悉：嗣后凡贩运木植，须循照旧定章程，由西延、大溶江一带行走，俾各相安无事，不得改由陡河逆运，致阻河道，有碍盐船，以及往来舟楫。其在省售卖木料，只许在省售卖，不许扎排入陡。倘再抗违，故将木排霸占官河，以致争竞滋生事端，定即严拿究办，决不宽贷。

本司道言出法随，慎勿身试，致贻后悔。各宜凛遵毋违。特示。

道光元年五月十八日

（二）规定陡河行船办法布告碑

民国·金开祥

广西漓江道署布告第拾□

案据七省客商有信、寿丰、广裕、怡隆、元兴、有成吉、萧德生、源太祥、广德安、福泰林、□□□□□□裕兴高，船户萧友山、文秀山、邓春甫、张子荣、黄五六、李忠、林卿长、姚益生、蒋又清、唐□□□□□，桂林上河船只，载运客货，往来全、兴，经过地点，其关紧要者，莫如□；崟塘地方□□□□入之门户，往来船只，分次第开行，先到者先开，后到者不许僭越，相沿至今，习为惯例。前船□□□搁，不肯退让，后来之船，莫能开行，经旬累月，在船户坐耗伙食，徒滋亏累；在商家货物停滞，税□□期，益受影响。若不设法变通，双方俱有不利。当经召集七省各行商暨船帮全体，公同讨论议定，□后船只出入陡河，经过崟塘暨大溶江、唐家市等处以上船，如前船设有浅搁之处，以两日为限，如不能开行，即将原船退下，让后来之船上驶，次第开行，如有不遵，禀官究治。似此办法，实属平允。双方同意，大众表决。诚恐日后有不知之船户，变更成议，仍蹈故辙，致有损失。为此，据情恳祈俯准立案，并颁示勒石遵守，等情。并准桂林商务总会转据该商号船户等投同前请道核办。查该商号船户等，所据船只出入不经过；圙塘暨大溶江、唐家市等处，前船没有浅搁，以两日为限，如果不能开行，即将原船退下，让后来船只次第开驶，于商业交通，均称便利，尚属可行。除令兴安县查照外，合行布告来往各船户一体遵照，毋得违反，致干查究。此布。

中华民国三年六月十日　道尹金开祥

（三）严禁放鸟入堰塘捉鱼批示碑

清·兴安县衙

窃维粮田必须粮堰，粮堰灌润粮田，上关国课，下济农民，不可毁伤，所固然也。今我处照价堰[①]及中堰以上各处堰塘，自先人呈究不准鸟排入境□□，毁伤粮堰，历来无异。突于今岁，有不法之徒文相弼兄弟叔侄等，恃能毁堰，放鸟捉鱼[②]，反捏诬控。蒙县主吕除批示外，于七月初十日严拘讯结，文相弼捉鱼毁堰，伤课千例，殊属不合，自后鸟排永远不敢恃强入各处堰塘堰坝，放鸟捉鱼，倘有不遵，许胡姓等拘送严究，各宜遵□，断不敢故违。

抄县主□□原批录□□拘文相弼批：查县城祀典，并为渔夫供给部司。文相弼□□藉词恃强，如果属实，候查案分别禁□。□□□胡本连批：候差传讯究。□□讯后又禀批：此案早经讯断，文相弼尚敢违抗，殊属不法已极，候再差拘讯究。

---

① 照价堰即赵家堰的别写。
② 放鸟捉鱼鸟系指鸬鹚而言。

同治十年十二月吉日立，□□讨得李家田文姓山场刊刻碑一块。

（该碑现存灵山庙村灵山桥旁摩崖）

（四）严禁木排入陡河布告

民国·广西省民政厅

为严禁木排入陡、以利交通、而便行旅事：据兴安县长马维骐呈稿："案查木筏入陡，久干例禁。县属牛路陡地方，曾刊永禁碑记，系前清道光元年（一八二一）本省司道会衔出示。百余年来，商贾往还，无敢逾越。盖以一线河身，有陡三十六处，每年动支库储，从事修葺，始能阻水放舟。一旦弛禁，船木并行，不但梗塞河路，易肇衅端，且堰坝林立，设有触损，漂及田舍，公帑亦因之同受损失。此则历代所以永禁木筏入陡之大概情形也。此次木商李文藻等，犯禁放筏入陡，非不知禁令所在，徒以事久年湮，民间相习或忘。且谓国本已移，此种碑示，疑已视同具文，效力未必溯及，故敢轻于尝试。现在即将该商处罚，勒令退出，诚恐商民未悉，或遂相率效尤，似不能不重申禁令，以杜奸商牟利。理合具文连同□拓碑记呈请察核，俯赐根据碑文，重新颁发布告，勒石河干，从严永禁，以便行旅，而息争端。"等情，计呈墨拓《永禁木筏入陡碑记》壹纸前来，合行布告，仰商民人等一体知悉，嗣后凡贩运木植，永远禁止扎筏逆运入陡。倘敢故违，定行严拿罚究，决不宽贷。其各凛遵毋违。切切此布。

中华民国十六年（一九二七）十月□日，厅长粟威

（据广西文献委员会1947年碑文拓本）

（五）桂州重修灵渠记

唐·鱼孟威

灵渠，乃海阳山水一派也。渭之漓水焉。旧说秦命史禄吞越峤而首凿之，汉命马援征徵侧而继疏之。乃用导三江，贯五岭，济师徒，引馈运。推俎豆以化猿饮，演坟典以移鴃舌。蕃禹贡，荡尧化也，则所系实大矣。年代寝远，陡防尽坏，江流且溃，渠道遂浅，潺潺然不绝如带。以至舳舻经过，皆同羃荡，虽篙工楫师，骈臂束立，瞪眙而已，何能为焉。惟仰索挽肩排，以图寸进。或王命急宣，军储速赴，必征十数户乃能济一艘。因使樵苏不暇采，农圃不暇耰，靡间昼夜，必遭罗捕。鲜不吁天胥怨，冒险遁去矣。是则古因斯渠以安蛮夷，今因斯渠翻劳华夏，识者莫不痛之。洎乎宝历初，给事中李公渤廉车至此，备知宿弊，重为疏引，仍增旧迹，以利舟行。遂铧其堤以扼旁流，陡其门以级直注，且使沂沿，不复稽涩。李公真谓亲规，善养民也。然当时主役吏不能协公心，尚或杂束筱为堰，间散木为门，不历多年，又闻湮圮，于今亦三纪余焉，桂人复苦，已恨终无可奈何矣。况近岁以来，蛮寇犹梗，王师未罢，或宣谕旁午，晦暝不辍；或屯戍交还，星火为期。役夫牵制之劳，行者稽留之困，又积倍于李公前时，转使桂人肤革羸腊，指足胼胝，且逃且死，无所怨诉，殆十七八年矣。

咸通九年（公元 868 年），余自黔南移镇于此。舣棹岭首，备观其事。试询左右曰："向时何不疏凿版筑，而使艰阻如是耶？"则末校刘君素前曰："远事固不可指明，近事又非不知，修渠必去民病，然其奈迩来屡以迎送轺轩，供亿师顿，召募补卒，犒赏征夫，帑藏且殚，闾井亦蠹。故无以兴疏凿版筑也。"余因谓："父慈于子，孰有子病而为家贫不求医救子？是知长吏所当子民也。今民涂炭若是，又何缘帑藏且殚而无暇救之。固须是约公费，积刀布，召丁壮，导壅塞以平民病也。"因召君素："若能主张乎？"君素唯之，遂领其军。凡用五万三千余工，费钱五百三十余万。固不敢侵征赋以竭其府库也，不敢役穷人必伤和气也，皆招求羡财，标示善价，以佣愿者。自九年兴工，至十年告毕。其铧堤悉用巨石堆积，延至四十里，切禁其杂束筱也；其斗（陡）门悉用坚木排竖，至十八重，切禁其间散材也。浚决碛砾，控引汪洋，防阤既定，渠遂汹涌。虽百斛大舸，一夫可涉。繇是科徭顿息，来往无滞，不使复有胥怨者。噫！草木无情也，荣落限于春秋。然犹春则华，秋则实，以利于人焉。而人称万物之灵，擅百岁之寿，安可不利于人哉。况余无大勋业，而窃据宠禄，宜孜孜力补尸素，岂令草木反鄙于余哉。于是闻害必削，见益必树，盖为此耳。时上闻其兴役，远降诏书，猥赐嘉奖。然人臣受国恩，为恶则罪耳，为善乃常事，亦犹子孝亲，讵可夸乎？况余审其所为，未立山愧矣，又何敢当诏书之美也。今所自记重脩（修），非为名也，且要叙民之艰苦实由斯渠，冀后之居者不阙其修，行者不毁其修，长利民而已矣。咸通十一年四月十五日谨记。

作者：鱼孟威，生平不详。唐咸通九年任桂州刺史兼桂管防御观察使，并组织维修灵渠。

（六）重修灵渠记

明·陈 琏

洪武二十八年秋，奉议、南丹、向武、都康诸州谋不轨。事彰，朝廷命将征之。时太子少保兵部尚书唐公铎来议军事，道经兴安，睹灵渠之废，具实以闻。上可其奏，敕监察御史严公震直来薰厥事。既至，睹其地，历究圮怀之由。乃召官吏夫匠谕以圣意，复严束，俾无怠。因曰："渠之废，由修非厥时，因循苟且，故无以历永久。"遂预征木石，期以九月初肇工。立制度，指授方法，始以渼潭漓湘下水源先治之，俾其有所归，然后得以施工。筑其堤岸长百余丈，高五尺有奇，上下砌以巨石，中门二函，以泄余流。次修中江石堤近土岸当潦涨之冲，乃高之以杀水势。增筑龙母祠前土堤五十丈许，浚河渠五千余丈。改筑滑石陡，凡渠石碍舟者，则焚而凿之。修白云、攀桂桥及灌田水函二十有四。其工匠精致，渠岸坚深，较之前代，相去万万。功竣，因属予记其实。予惟斯渠，始凿之史禄，后疏之马援。迨今千有余岁，继修者非一人，皆踵旧迹，弗克远图，随修随圮，可胜咨嗟。今公恪体圣心，勤劳备至，故人人自效，莫不感奋，相率戮力以奉公，两越月而告成。于时风雨不作，众乐为用，非公忠诚何以致是耶？《春秋》凡用民力必谨书于册，所以重民也。况斯渠功之大者乎？是宜书之勒石。俾后人咸知圣恩之大，公心之勤也。不揆愚陋，遂为之记。

——明·黄佐《广西通志》卷十六《沟洫志》

作者：陈琏（公元1369—1454年），字廷器，号琴轩，东莞厚街桥头人。明洪武二十三年（公元1390）举人，初授桂林府学教授。官至四川按察使、南京通政使掌国子监事等职。以礼部左侍郎致仕。著作有《琴轩集》《归田稿》等。

（七）灵济庙记

元·黄 裳

兴安灵渠，自史禄始作以通漕。既而汉伏波将军马援继疏之。唐观察使李渤始为铧堤以固渠，作陡门以蓄水。而防御使鱼孟威复增修之。更四贤之勤，历秦、汉及唐，而后其制大备，以迄于今，公私蒙其利。盖千五百有余岁，其致之者渐也。皇元至正十三年之夏，山水暴至，一旦而堤者圮，陡者陨，渠以大涸，壅漕绝溉。而向者四贤之勤，千五百余岁之大利，荡然矣。有或兴役而塞，逾二年辄复坏。于是岭南丁酉道肃政廉访副使唐兀公，悼功之不成，悯民之重困，悉发近岁给禄秩钱五千缗，付有司具木竹金石土谷，募工佣力。而命静江路判官王君惟让涖（莅）其役；宪使张君文显专督之。群材委积，庶民子来。时维秋冬之间，积雨泞溢，畚锸难施。二君承命督涖（莅），惧弗克称，周询有众，得四贤旧祠于西山之地，侧相与爰茭筐币而请祷焉。燔裸未终，而云日开朗，役者、筑者、斫者、砻者、甃者，手足便利，无有所苦，并力丕作。于是铧陡之制加于初，漕溉之利咸复其旧矣。比竣事，二君图所以荅（答）灵贶者，顾庙貌窳陋，不称神栖。既归复命，具以故告。公曰："神昔勤渠利，兹复相予克缵旧绩，休嘉骈应，宜有隆报。惟增饰祠像，肇置土田，庶几神民永久有赖，唯二人其卒图事。"二君请即经营，撤敝为新，易卑以崇。庑陛有严，门堂有秩。像设如在，精灵炳然。民吏具瞻，罔不祇肃，命之曰灵济之庙。乃计财用，得羡钱二百七十五缗，买民田十有八丘，岁收米若干石，举祝史粟康叔掌之，以奉晨夕膏茭之费。府僚合议，辱征裳文，将刻石庙门，以著不朽。切唯岭南之民，好祥瑞，侈祠宇，其俗固矣。唯兹四贤，其生也，于灵渠之兴能合智以创物；其没也，于灵渠之坏能攘患以庇民，是在祭法所当祀者，岂与他祀比哉？庙作于至正十五年正月甲子，成于六月甲子。公之爵里名氏，已见修渠记。其供亿受事之人，与夫食货财力田亩之数，则记于碑之阴云。

（八）通筑兴安渠陡记

明·严震直

大明洪武二十九年二月初一日，钦依通筑兴安县渠陡。于本年九月十一日兴工，至十一月终，成灵渠堤岸长一百二十六丈，阔六尺，高五尺。中江石岸长四十五丈。龙母祠前陡岸三处，□□□□□□长一百五十一丈，高六尺，阔五丈。南北河道疏通五千一百五十九丈。陡岸三十六处，□□□□斜陂一处。灌田水函二十四处。涵陂小陡二处。泄水陂二处，共长一十五丈。桥二座，白云、攀桂。夫匠九千一百一十余名。监工官物料采办全州判官曾仕异，兴安知县沈宝，主簿罗彦闻，灵川县丞□□□。石块石版二万八千一百三十余块，桩木一万五千五百余根，石灰六十七万四千九百余斤。

（九）重修兴安陡河碑记

清·陈凤楼

陡河环兴安数十里，为楚粤通津，古称灵渠。源出邑南海洋山，屈折行至城外溪潭，旁广而中深，势浩瀚，筑铧堤以当其冲。堤北为大天平，南为小天平，激水分流，北入湘江，南入漓江。凡建北陡四，南陡二十八。陡有堤有门，因时启闭。又有坝以利导之。商舶往来，农田灌溉，胥于是乎赖，利甚薄矣。渠昉于秦监郡史禄，疏之者为汉伏波将军马援。至唐观察使李渤，始建铧堤，设陡门。而防御使鱼孟威复踵而增修之。历宋、元、明，功未有艾也。

国朝康熙、雍正、乾隆时叠加修濬，旧绩如新。皇上御极之十有一年，龙集于作噩，日躔于鹑首，爰有腾蛟流沫，荡击湔湝，分水坝及南北陡堤，冲啮几尽。壅漕绝溉，民用戚然。前令柳恩庆，禀经护理抚院李公秉衡，疏请重修。得旨俞允。由广西善后局署布政使庆公爱、署按察使沈公康保、桂林府兼理盐法道秦公焕筹议拨款，檄杨太守永茂、赵司马庆蕃为承修官，县丞薛克刚为监修官，署令王鸿诰为协修官，鸠工庀材，于孟冬经始。因铧堤旧址填阔，改置下游三十丈外。铧嘴鳌结甚坚，下以乱石围之，堤身高而固。其大小天平，叠石如鱼鳞形，匀排密布，衔接处胶以灰泥，外复缘以巨石。统全河而论，工程莫大于此。修北陡三：曰湾陡、曰晒禾、曰何家，所费较减。修南陡十九：自祖湾、太平、铁炉、和尚、三里、而印、而大路、而黄泥、而沙泥、而门限、以及十四、十五、十六、十七与牛路、青石、大、小各陡，补缀无多，成功尚易。惟竹头倾圮殆甚，与创始同。

堤则灵济、飞来、虾蟆、合泻水、黄龙为五，虽工之繁简有殊，其修理则一。他未坏者仍旧。当事复相度形势，以滑石滩、牛角湾等处河面宽广，水多洴漫，请建陡以宣防之，报曰可。遂添修滑石、鸾塘、牛角三陡，以利舟行。百司效勤，经营孔亟，至十二年五月工竣。动帑九千四百余金。护院意社公坝及新陡海底，均关紧要，应及时举办，以竟全功。檄赵令燮和同署任王令督修。并凿石门坎、倒脱靴、黑石坝等四滩，流益宣畅，用银八百两。

是年十月兴工，阅两月蒇事。

嘉平朔，凤楼镌馆职，来宰是邦。下车周视河干，工甚完好。迨十三年夏秋之交，河水汎滥，新增滑石三陡并竹头、大小天平为洪流激射，间有崩坍。又灵济祠下一带土堤，穿漏滋多，势岌岌不可终日。其他小天平左暨马石桥底，前此未经修补者，万难稍缓，请于护院，仍遣赵令莅其事。酌将滑石四陡漂坏处改依天平式，以杀水力。饬工兴作，给火食钱肆十缗，另估各工，实需银二百两，如数散放，即由凤楼督理，自冬徂春，以次告成。曩建灵济、伏波两祠于南陡近岸，祀秦汉以来创修陡河诸贤。发逆之变，祠毁久矣，心窃慨焉，请重修以昭崇报，并刻石于祠，用识颠委。覈计工料银贰百柒拾陆两。经署桂林府知府蒋公兆奎偕秦观察会商于方伯马公丕瑶，廉访张公联桂，同请于中丞沈公秉成，谓此乃未成之一篑也，亟宜不惜余赀，光复旧典。宪意允行，谕凤楼终其事。祠之作，肇始于十四年正月丁丑，落成于四月辛卯。工竣时，特委善后局文案高令忠藩，会同凤楼逐处勘明，据实详报。

是役也，先后凡越四年，耗银壹万有奇。在事诸公，克殚厥职；而列宪寻求水利，体圣天子轸念边氓之至意，实有加无已。自兹以往，安澜共庆，美报同深，百姓休和，咸被其泽，猗欤盛矣。惟是先事预防，补苴罅漏，俾陡河永无他患，以继四贤之功，则仍有望于后之君子。观察属凤楼为记。兹事实大，非末学所能扬厉。但职在守土，不可使善政弗传，乃刊石勒铭以章厥庸。其辞曰：

赫赫灵渠，其流汤汤。经楚络粤，导源海阳。谁与开通，史马滥觞。金堤映日，玉陡凌霜。二江双带，遂分漓湘。控清引浊，舳舻相望。决渠降雨，滋液农桑。垂曜亿龄，功绩伟煌。锡兹美利，民悦无疆。秦汉而后，迄于我皇。岁在乙酉，蛟浪溯滂。朝潮夕汐，穿堤溃防。百尔君子，奔走不遑。以渐补治，前烈用光。昔贤既没，流泽余芳。祠毁于兵，重建宇堂。饰庙改观，祀典以彰。灵则有济，降福穰穰。岁时答祚，神歆其香。民用嘉赖，挈敛吉祥。刊铭纪诵，延庆久长。

——大清光绪十四年岁次戊子孟夏月知兴安县事双流陈凤楼谨识

作者：陈凤楼，四川成都府双流人。光绪九年（公元1883年）二甲进士，同年五月，改翰林院庶吉士。光绪十二年四月散馆，先后任广西兴安、南宁、凌云县知县，后理泗城知府。光绪十二年、十五年两度出任兴安县令。其间曾经维修灵渠。此碑记记载了光绪十一年（公元1885年）特大洪水冲垮灵渠铧嘴和大、小天平之后，广西巡抚李秉衡组织大修灵渠的全过程。

（十）重修陡河天平石陡门

告成阅视有作

清·陈元龙

兴安河渠高下数百尺，湘漓一泻无余泽。

讵唯舟楫阻商旅，直使耕耘旱阡陌。

唐时李渤垂大劳，逆流横截天平石。

筑为陡门三十六，导直为曲延水脉。

黄河之闸体制同，灌溉有资艘舶通。

年深日圮水跋扈，谁与蓄泄波流中。

修废举坠乃予责，督率庀材鸠厥工。

工成棹舟阅新陡，沿岸欢呼动童叟。

群石齿齿白似墙，一水盈盈绿如酒。

吁嗟！

此河楚粤之咽喉，所利不止贻一州。

南接漓江北湘水，中隔此河居上头。

不以陡门为启闭，譬人血脉奚周流。

从此缮修望来哲，人力以补天地缺。

——《兴安县志·舆地·水利》

　　作者：陈元龙，字广陵，号乾斋，浙江海宁人，康熙二十四年（公元 1685 年）进士，授翰林院编修，官至文渊阁大学士兼礼部尚书。曾任广西巡抚，康熙五十三年（公元 1714 年）率通省官员捐俸一年大修灵渠。在广西任职七年，政绩显著，贪官怕他，老百姓怀念他。著有《爱日堂文集》。

第九章　遗产保护利用

灵渠作为全国重点文物保护单位、世界灌溉工程遗产，其保护利用受到政府重视和社会关注。总体来说，其保护状况较好，目前灌溉水利、文化旅游、科普教育等功能正常发挥。灵渠作为文物保护的法规、规划体系较为完善。但在社会经济快速发展进程中，灵渠水利工程遗产特别是作为灌溉工程遗产的保护与管理，也存在一些突出问题。

第一节　遗产现状问题

灵渠灌溉工程遗产保护、利用、管理、展示等方面，存在过度修复、局部遗产环境杂乱、保护管理不完善、遗产认知与保护修复定位不够清晰、系统保护管理不够等一些突出问题。

一、保护管理现状

灵渠早在 1988 年即被公布为全国重点文物保护单位，2012 年被列入《中国世界文化遗产预备名单》，并按文物保护法要求明确了保护对象、划定了保护范围和建设控制地带。2014 年《广西壮族自治区灵渠保护办法》由自治区政府审议通过并公布实施，进一步明确了灵渠水利工程的保护要求和保护措施。2021 年，桂林市人大制定颁布了《桂林市灵渠保护条例》，于 2022 年 1 月 1 日起施行。该条例以地方立法形式确定保护主体责任管理体制，对更好地完善保护措施，科学处理保护与利用、传承与发展的关系有重要作用。《全国重点文物保护单位灵渠保护规划》《灵渠遗产地保护管理规划》《灵渠北渠保护与开发规划》《兴安城市总体规划》等系列规划对灵渠相关保护工作进行了具体部署，正按计划有序实施。另外，灵渠及其灌溉工程设施作为水利工程由水行政主管部门按照《广西壮族自治区水利工程管理条例》等法规规章实施保护与管理，保障灵渠水利工程安全和灌溉功能的可持续发挥。

兴安县旅游局下设的灵渠管理处，负责灵渠工程维护、景区建设和旅游等事务，按行业管理要求，县水利局具体实施水利工程维修、建设等，文物局负责实施文物工程修复等。为推进灵渠申报世界遗产工作，县政府先后成立"灵渠申报世界文化遗产工作领导小组"和"灵渠申报世界灌溉工程遗产工作领导小组"，由县相关领导任组长，下设办公室负责日常工作。

二、现状主要问题

（一）遗产工程保护和修复问题

部分遗产存在过度或盲目修复的问题，导致历史面貌发生改变，如铧嘴修复原貌后反而使原有的分水功能发生改变，渠首前河道淤积问题非常严重。

部分陡门工程的修复未能严格遵循原有材料、原有结构和原有工艺的原则，真实性受损。

整体来看遗产环境、景观局部存在一些问题，如渠首段湘江

的河床环境已经发生较大改变，历史面貌不复存在，甚至正常状态已经发生较大偏差；沿干渠部分区段环境卫生条件较差；部分区段还存在核心区或建控地带内与遗产历史风貌不协调的建设情况。

（二）认知和管理方面的问题

相关单位或部门对灵渠遗产的认知、保护修复定位不够清晰或准确。作为灌溉工程遗产的灵渠与作为文化遗产的灵渠，其保护、利用、管理等具体工作本身不存在矛盾。灵渠灌溉工程遗产的范围更广，构成更多样，内涵更丰富；作为仍在发挥不可替代的灌溉、防洪、供水、生态等水利功能的水利工程，灵渠灌溉工程体系的保护、利用与一般文物或文化遗产不同。

全线复航是否有必要，需要结合社会经济发展的现实需要、水利功能综合发挥和水资源综合配置要求、遗产保护和文化展示的原则要求，统筹考虑，综合论证。

相关工作部署、规划计划及具体方案，其综合性、统筹兼顾性和前瞻性有待进一步提高。

第二节　保护管理建议

基于灵渠灌溉工程遗产保护、利用、管理现状，提出如下建议。

（1）进一步加强遗产的系统保护，统一设立世界遗产保护标识，明确各遗产构成的保护负责单位或部门、保护主体责任和保护目标。

（2）统筹灌溉工程遗产保护、利用和管理，结合水利、农业与旅游发展，生态文明建设，乡村振兴，编制灵渠世界灌溉工程遗产保护与利用规划。

（3）开展灵渠全线复航的系统论证。

（4）组织开展针对灵渠相关单位和部门人员的专题培训，提升对灵渠历史、价值和保护利用的认知水平和专业素养。

（5）提升、完善灵渠水利遗产系统保护的保护管理机构，将现有的灵渠管理处提升为"灵渠世界遗产管理委员会"，由兴安县政府主要领导负责，统筹协调灵渠保护、利用事宜，并取代现有的"申遗办"负责相关事宜，县水利局、文化、旅游等部门作为成员单位，管委会办公室建议设在兴安县水利局，负责管委会日常工作。

（6）健全管理体制机制，确保灵渠世界遗产得到科学、有效保护；制定颁布灵渠世界遗产保护利用管理条例，为遗产可持续保护提供法律保障。

附　录

扬子江水利委员会《查勘灵渠水道报告》

附　録

灵 渠

亦通舟楫亦溉田

三、改進靈渠之建議

楊子江水利委員會季刊

，水位增高，應擢需要之處，加高培厚兩岸土堤，以防泛濫，全部所需工款，以平常時期之普通單價計算，約需二百二十萬元，加以現時物情特形之車價估算，則因材料購置與運輸之費，約需五百五十萬元。時勢如何演變，此數仍須隨時修改之。

靈配之水文紀載，同付關如，根據廣兩省政府歷年工程處之歷錄，最小流量約為一·五秒立方公尺，與安城附段最大流量約六秒立方公尺，人們陸以下最大流量內神岸交流來諸，估計約可達三千秒立方公尺。本章成立以來，已就地安闢同近設立流量站，以便訂測計劃之隊施測湘海陽河水道，非擬將靈堡一帶地，一次之用水，拔實測情形分，五秒立方公尺計，已足敷如小時間測。

湘柱神江，每間十月至翌年二月皆低水時期，其二潮集數較少之日，可仗陸民地不過四五公唯，然準修造靈堡工程，直接水型者，有如可能，即或有之，戰運量必須再減，月最時約年至一月以上者，故多換戰陸運，并有白大落訂鑽榜舟取給，仍不能絕陽者。由是觀之，靈配之聯絡性能，僅能於每年高水時勢始能引物之運輸，其餘各時期勢必年楊運，又如湘柱神江治本工程，同告實現，則自陵堡以迄渡橋，一期工程，赤嫌少，須得助陸載運一二十輛之結隻，其餘或已不得待，則以載量為第一期工程重，赤嫌少之功率，亦不足取。加以水陸换辦五輛民船，如湘四輛，上下計共八輛，則每日運輪靈，創達四百輛。

二九

第三章 第二四節 結論

靈果現狀，低如前章所述，坡降陡峻，流量不足，且曲折過多，堙埋陸困，治本之計，檢渠化而復由，故應於遠靈地點，築堰攔水，以增深度，並建船閘，而利航行，航道須展寬之處，礁石應打除者，亦當分別辦理之。茲分段發述於后。

查興安附近白分水潭至大洄間之航道，深寬均狹不足，故擬將航道改陸此綫，及故道二分之一，長三公里半，位降水雖相差約三十公尺，淨長三十一公里半，開闢需一次約需時五十分鐘，相距僅約一公里，且以所經地段，不易施工，挖調落引河，脈成船造，則為滿宜，故擬將航道改陸此綫，及故道二分之一，長三公里半，水位相差約三十公尺，淨長三十一公里半，開闢用鋼筋骨混土建築，時間經濟省矣。

其一端不足，漫諸艫行，擴云白五歲堪至觀音閣間，一公里中水程，一期除者，流量不足，漫諸艫行，若輕由現擬之引河航程可由七公里減至一公里許，且航道中水不易行時間經濟省矣。開闢擬定淨寬二十公尺，淨長三十一公尺，開闢一次約需時六小時，儒仍反水虹映管二道，以並及河水潮用之利。自大洄陸口至下至靈果口，長約三公里，水位相差約三十公尺，每歲水，相差約五公尺，十輛民船兩總，開門用鋼筋混凝材料，同身及攔水堰用鋼骨混土建築。又因堙堪陋係，之不實管處加以浚灌及護岸工事，礁石發者若者，施以打除工作，或添設標誌。

二八

参考文献

［1］郑连第.灵渠工程史述略［M］.北京：水利电力出版社，
　　1986.

［2］兴安县地方志编纂委员会.灵渠志［M］.南宁：广西人民
　　出版社，2010.

［3］兴安县水利电力局.兴安县水利志（1988—2010 年）.内部
　　印刷，2012.

［4］兴安县水利电力局.兴安县水利志.内部印刷，1992.

［5］［清］蒋方正.（道光）兴安县志［M］.上海图书馆藏桂林
　　存远堂版（道光十四年）.

［6］刘仲桂，刘建新，蒋官员等.灵渠［M］.南宁：广西科学技
　　术出版社，2014.

［7］唐兆民.灵渠文献粹编［M］.北京：中华书局，1982.

［8］蒋廷瑜.论灵渠的灌溉作用.农业考古［J］，1987（01）：
　　178-183-173.

［9］广西壮族自治区水利电力厅，广西壮族自治区水利学会.灵
　　渠考察文集［J］.广西水利水电科技，1986（03）.

［10］扬子江水利委员会水利设计队.灵渠测勘报告［R/OL］，
　　1939.

［11］兴安县人民政府．灵渠世界文化遗产申报文件，2014.

［12］广西大学土木系，桂林地区水电局，兴安县水电局．灵渠枢纽水流状况试验研究报告［R/OL］，1989.

［13］广西壮族自治区文化厅．灵渠全国重点文物保护单位记录档案，2005.

［14］清宫档案灵渠维修工程图．中国水利水电科学研究院水利史研究所藏复件．

［15］颜元亮，李云鹏等．灵渠创建者"史禄"研究报告（内部资料），2022.

图书在版编目（CIP）数据

亦通舟楫亦溉田 : 灵渠 / 李云鹏编著 . -- 武汉 :
长江出版社，2024.7
（世界灌溉工程遗产研究丛书 / 谭徐明总主编 . 中国卷）
ISBN 978-7-5492-8795-6

Ⅰ . ①亦… Ⅱ . ①李… Ⅲ . ①灵渠－水利史 Ⅳ .
① TV632.674

中国国家版本馆 CIP 数据核字 (2023) 第 056062 号

亦通舟楫亦溉田 : 灵渠
YITONGZHOUJIYIGAITIAN : LINGQU

李云鹏　编著

出版策划： 赵冕 张琼
责任编辑： 张艳艳
装帧设计： 汪雪 彭微
出版发行： 长江出版社
地　　址： 武汉市江岸区解放大道 1863 号
邮　　编： 430010
网　　址： https://www.cjpress.cn
电　　话： 027-82926557（总编室）
　　　　　　 027-82926806（市场营销部）
经　　销： 各地新华书店
印　　刷： 湖北金港彩印有限公司
规　　格： 787mm×1092mm
开　　本： 16
印　　张： 13.75
彩　　页： 4
字　　数： 160 千字
版　　次： 2024 年 7 月第 1 版
印　　次： 2024 年 7 月第 1 次
书　　号： ISBN 978-7-5492-8795-6
定　　价： 86.00 元